数学・教育・宗教

小出 隆博

目　次

序 ··· 5
　第一部について
　第二部について
　第三部について
　ほとんどの人に向けての前置き／文章表現とその解釈／現在における数学の言葉の使い方について／理論科学と経験科学のちがい／質量について／教育的価値の制度化／教育における一つの体験／数学と教育と宗教について

第一部 ··· 27
　数学の虚構性
　　数学という虚構
　　物理学の中の数学
　　国家や貨幣の虚構性
　　数学的無限・数学的有限と人間的無限・有限の違い
　時間の虚構性
　ゼノンのパラドックス
　不可欠性論証の反駁

第二部 ··· 53
　序章
　近代学校教育批判
　　定型性の重要性
　学校化
　理解と身体性の同期
　部分と全体

第三部 ……………………………………………………………… **79**
　オウム真理教信者と自然科学に対する失望
　円分多項式
　ガンマ関数・数学的天才性
　私の2つめの宗教的体験
　自己欺瞞による実存の挫きの隠蔽
　　学問の専門化と学的盲点
　　ある種の批判
　集団的宗教性と個人的宗教性

補遺 …………………………………………………………………… 111
参考文献一覧 ………………………………………………………… 115

序

本修士論文において、私は、数学、教育、宗教そのもの其々の宗教性について論じることを計画している。宗教性とは、世界に聖と俗を切り分ける境界線が与えられ、人がその聖なるなにかを求めるという心的志向である[エリアーデ、1969=1957][デュルケーム、1975=1912]。デュルケームは『宗教生活の原初形態』においてトーテミズムを研究し、聖と俗という二分法による集団的で聖なる宗教性を論じた。しかし、私は宗教性を個人的なものとして考察したい。私自身が独我論に非常に近い立場をとっているためである。これは、イリイチが引いたトーマス・ルックマンの制度化された宗教の問題から個人の宗教体験を論じる必然性にも通じる。この個人としての聖なるなにかを求めるという宗教意識、私達それぞれが得ようとして得られるのではなく「訪れるもの」「与えられるもの」としての宗教体験こそが、私が本論文で研究しようとしている宗教性である。この宗教性についての考察が本論文全体に底流しており、特に、第一部は数学及び物理学、第二部は教育、第三部は宗教について論じるという構成である。論文全体は、この宗教性について論じているのであるから、各部は不可分なものである。

　宗教において宗教性を考察するということの動機は、私が宗教的観点で数学や教育について論じようと試みている理由は、私の高校生時代の原体験に基づいている。
　つまり、私が強烈な宗教体験を得られたのが教会等の宗教施設ではなく、数学に傾倒していた高校時代に数学の授業を受けている最中の学校の教室であったという理由、その後、大学では数学科に進学し、数学基礎論、特に集合論を専攻したことの理由こそが、私が宗教性をもって数学や教育について論じようとしている動機である。
　その意味で、私の研究動機は、私の実存についての考察が根底にある。つまり本論文について、その意義を説明するには私自身の過去の

経験に言及せざるを得ない。

第一部について

　第一部は、数学について論じる。この論文において、数学の技術的細部については言及せず、数学という存在について人々がどのように考えているのかを論じる。

　ここでいう数学とは、ある数学的宇宙の中で展開される、公理的体系としての数学、演繹的体系としての数学である。世間で言われている、または多くの人が数学は実在であると(なかば暗黙のうちに)考えている数学的実在論の棄却を第一部の目的とする。

　いわゆる数学的実在論が棄却されれば、多くの論者が主張する科学的実在論も棄却される、と私は考える。数学は、＜理論＞科学(形式科学)において、特に理論物理学において重要な役割を果たしている。そのため、本論文では数学的実在論に反駁することを目的として、またその目的の限りにおいて、＜理論＞物理学と＜理論＞科学について言及する。＜経験＞科学(非形式科学)については本論文においては主題的に取り上げない。

　＜理論＞と＜経験＞、＜理論＞と＜実際＞という二項対立は、考察の前提ではない。結論である。

　「結論である」と多くの数学者たちは考えている、と私は考えている。

　私は修辞的な弁明を述べたいのではない。これは都合の良い口実ではなく、私はそれを、それこそを主張したいのである。

　＜理論＞と＜実際＞の別には千里の径庭がある。

　科学哲学者のファンフラーセンは、『科学的世界像』などで、＜理論＞科学と＜経験＞科学の区別を前提として議論している。もちろんそれに対し、その二項対立が不当な前提であるという反論がある。

　私は、その反論を思弁的に無効化したいのではなく、世界はそうなっ

ている、ということを主張したいだけなのである。つまり、＜理論＞と＜実際＞の別は、ディーセントな数学者は当然のように認めているのだと私は考えている。

　私は、せいぜい大学学部課程の数学についてまでしか知らないため、数学についての技術的な議論はできない。しかし、それでも、数学について議論をすることはできると考えている。
　それはつまり、数学者のテクニカルな議論が主題なのではなく、過去や現在の数学者たちがどのように数学や数学基礎論について考えていたのか、ということを研究ができるのだと考える。
　つまり数学基礎論は、過去に数学の正しさの基礎づけを目的としていたが、いつからか数学者たちは数学基礎論を普通の数学と見做すようになった。本論文において、その理由を考察したいと考えており、実際にそれは可能であったと考える。
　ここで言う数学の正しさの基礎づけとは、定理が公理的体系・理論的体系の中でどのような公理によって導出されうるのかということのみを考察するのではなく、＜理論＞以外の何か、数学的宇宙とその中の法則以外の何かによって基礎づけしようとするということである。

　多くの数学者は、数学をこの世界の実在であるとは考えていない。
　数学基礎論は、数学のための数学という役割、「数学についての数学」というメタ数学としての役割、数学の基礎づけを目的とするという役割を過去の一時期確かに担っていた。現在においては、少なくない数学者は、数学基礎論を数学の基礎づけのための数学であると考えておらず、数学基礎論は、代数学、解析学、幾何学などのその他の分野同様、数学全体の中の一つの分野にすぎないと考えている。
　「数学の危機」が終わった（と数学者たちが認識した）そのとき以

降、つまり、数学の基礎づけを目的とする数学基礎論がその役割を担うことはできないと数学者たちに認識されたときをもって、数学的実在論は棄却されたのだとこの論文において私は主張する。

数学と空間、特に物理空間との関係については、「ゼノンのパラドックス」を考察することにより、数学の虚構性について見る。

数学と物理学、特に理論物理学との関連については、スティーブン・ホーキングといった理論物理学者が提唱した「虚数時間」という概念について考察する。

また、数学の哲学における、(数学的)実在論を擁護する立場の不可欠性論証を棄却する。

第二部について

本論文において、私は、教育という営みがもつ人類学的普遍性、特に宗教性について記述したい。

現在の日本の教育学においては、今現在起こっている諸問題を解決するための、有効な射程の短い簡便な方法ばかりのみが議論されていると私は考えている。それらの議論は例えば、数学科や国語科といった小中高校の教科をいかにして教えるのか、もしくは、今現在の学校教育制度をそのままにしていかに授業をハンドリングするのか、といったものである。つまり、教育学のほとんどの論文は日本にとっては150年ほどしかない近代学校教育の近代性を無条件に受け入れており、教育という営みの普遍性を考慮に入れた論文を残念ながら私は見たことがない。

教育という言葉は様々な意味で用いられる。

教育という言葉は、数学教育、教科教育、学校教育、家庭教育、社会教育、職業教育、生涯教育、教科教育、義務教育、普通教育、

初等・中等・高等教育など様々に使われる。

　数学、宗教、経済、政治、科学、医療、文化、社会、近代性、制度、学校といった他の基本的な単語がそうであるように、教育という言葉も恣意的に狭い意味で使われることが多い。

　(※) しかし私は、この論文においては、特に指定しない限り、つまり特に何も形容詞をつけずに教育〟という言葉を用いたときは、限りなく広く普遍的な意味で、その実質を考察するために用いる。時代にも地域にも人種にも民族にも自然環境にも依存しない、つまりありとあらゆるコノテーションや規範を取り払い、人間の人間性や社会の社会性のみに依存するような意図をもって教育〟という言葉を用いる。

　その意味〟での教育〟の普遍性を本論文において研究する。

　そして、教育の普遍性の一つが教育の宗教性である、と結論する。

　ここで、この(※)のパラグラフにおいて、教育という単語を、医療や社会、宗教、教師などに置き換えて読めば私の思考の基本姿勢が理解できるであろう。

　「近代学校教育批判」において、イリイチの『脱学校の社会』を引き、社会全体の一部分としての近代学校教育制度にかかわる問題を明らかにしたい。ここでは近代学校教育に対する解決案は示すことを目的とせずに、問題の自覚を促すことのみが目的である。現代日本の教育問題とは、現在の日本の学校教育制度が官僚主義者によって官僚主義的に支配されていることである。これは教育という営みが本来的に持つ宗教性を損なうものである。

　このことは教育問題に限ったことではなく、官僚主義者は教育機関以外の場面でもいたるところで見受けられる。教育機関以外での官僚主義的支配による宗教性の毀損を正しく認識することができれば、社会全体のありとあらゆる箇所にそれが見受けられるであろう。

本論文が最終的に、営みとしての教育の宗教性が十分に記述できたのであれば、2つの実用的な結論が得られる。

　第一は、多くの国が実際に持ち、そして持っているであろう、さらに持つべきであると考えている「教育は真理を探求することを第一義の目的とするべきである」という条理法としての法が、改めて確認されるということである。プラトンの『国家』における「洞窟の比喩」はそのことを指摘しているように読むことができる。つまり、過去を遡れば少なくともプラトンの『国家』以来認識され続けてきたことを改めて世に知らしめるというだけのことである。

　第二は、第一と関連するが、「教育は真理を探求することを一つの目的とするべきである」ということが、大学・大学院をも含めた現在の日本のありとあらゆる学校で蔑ろにされ、この条理が、「徳育」「訓育」などと言われている、真理を探究すること以外こそが「教育」であるという価値観に貫徹された学校化された倒錯的営みに回収され、その真に意味するところが埋没してしまっている。現在の日本の教育行政はこれを加速させようとしていることは明白である。

　松本[松本、2015]が指摘するように、改めて確認されたこの条理法は、特に現在の日本の教育の実態、第二次安倍晋三内閣の教育政策に対して、大文字の「否」を突きつけることに他ならないと考えている。

　また、社会における官僚主義者による官僚主義的支配を捉えることは、社会に対して大文字の「否」を突き付けることに他ならないと考えている。

第三部について

　あらゆる知識は、それを求める欲求の起源を辿れば、人類の宗教性の起源そのものである。その意味で知識は宗教性の産物である。

つまり、人間は真理を希求するからこそ、知識が存在するのである。数ある学問分野のうちの一つが、数学である。

近代的学校では数学を教えられていない学校はないと言っても良く、実際に日本では初等・中等学校を通してほぼ全員が数学を学んでいる。これは一見言祝ぐべきことのように見えるが前近代における少数者のための数学教育には露見しなかったような欠点、近代性そのものや社会の近代化からの要請による数学の大衆化に伴う時代的な欠点が存在する。

それは、人が宗教的であるがために数学を志向してきたがゆえ、少なからぬ人々が数学に期待を持ちすぎてしまうということである。それはつまり、ナイーブと言っても良い数学的実在論、科学的実在論が社会に広く蔓延してしまうということでもある。この数学や科学に「確かなもの」を求めることに対する反動——数学や科学の追求を捨て思わぬ方向に、特に反社会的な方向に走ること——の一つの、そして象徴的な例が1995年に地下鉄サリン事件を起こしたオウム真理教の高学歴の信者たちである。このことは、森岡正博『宗教なき時代を生きるために』に詳しい。

科学や数学への志向という聖性の挫折が個人の実存を挫くことを指摘し、また現在の数学者が実在論を支持しないにもかかわらず数学的実在論への反駁を行うことができない理由を提示した。

巷でいう実在論の否定は個人の実存を挫くかもしれないが、そのことを承知した上で敢えてそれに対する処方箋を提示(しようと)している文献を『美しき少年の理由なき自殺』、『サイファ覚醒せよ』『絶望 断念 福音 社会』以外に私は知らない。

これが、第一部と第三部の関連である。

本論文においては、数学においてはその技術的内容に触れずに数学について議論したことと同様に宗教についても、その内容——そ

の神学・教義学・聖書学的内容——については触れることをせずに、宗教そのものについて論じる。

その意味で、反知性的に見られることは承服しており、むしろ私は正しく反知性的である。

  小田嶋　(「反知性主義」のイメージは)日本語だと、理論、合理性を無視する態度っていう感じになっちゃうけど。
  森本　反知性主義(*anti-intellectualism*)というのは、知性をまるごと否定するんじゃなくて、「既存の知性」に対する反逆なの。知性の否定というより、「今、主流になっている、権威となっている知性や理論をぶっ壊して、次に進みたい」という、別の知性です。だから、無知で頑迷固陋というのとは反対で、開拓者的なの。フロンティアスピリットに支えられて、戦闘意欲満々で、今大きな顔をしている権威だとか、伝統だとか、その道の大家だとか、そういうのをみんなぶった切っていくわけ。
      [小田嶋、2015、p.266、一つ目の括弧は引用者による]

ほとんどの人に向けての前置き

　自分の身体に染みこむように読まないと読めない。

　もし以下の文章がスラスラと、自身の身体的体験に即して読めるようであれば、それは読む前からすでに"わかっている"ということなので、その人に対して特にそれ以上何か言うことはない。

　しかし現時点でわかっていない人、もしくは意識的に自覚していない人には、何を問題にしているのかすらがわからないのではないかということを危惧している。

　論文の一つの作法としては、出てくる単語にすべて厳密な定義を与えて論じることが求められる。

　しかし、私が論じたいことは、そういったかたい手法では不可能である、と考える。

　かたい記述手法を採用した場合、端的に言えば、本論文の主題は突き詰めれば、「人間とはなにか」という問いに収斂される。人間性というものにかたい定義を与えるのであれば、それは、過去のすべての人文学に対しての冒涜に他ならない。

　そのため私はこの論文において、かたく論じるのではなく、柔らかく語るしかないのである。

　その意味で、この論文は狭義の哲学の論文ではない。つまり、中島義道の言う哲学研究ではない。

　その意味で、この論文は私の主体性や実存から切り離されていないという意味で、哲学である。

　これは精神分析における主体性が切り離され得ないということと同義である。

文章表現とその解釈

　世の中の多くの文章は、「私はこういう意図をもってこの文章を書

いたから、読者はそれを汲み取りたまえ」という姿勢で書かれている、と私は考える。また実際に学校では国語の時間にそのように教えられている。少なくとも日本における学校教育の大部分が、国語の時間以外にも、問題を解釈した教師の意図や、問題作成者の意図(を教師が解釈したもの)を汲み取ることが、陰に陽に教えられている。

　私は、これと正反対の方向性をもって文章を書きたい。
　私は、ありとあらゆる「規範」から「自由」に思考できるような文章を欲望している。

　私は、ことばを可能な限り素朴に使いたいと考えている。
　私は、ことばの意味を可能な限り素朴な意味で使いたいと考えている。
　それは、ある特定の表現を用いた時に、読者は、その表現の（私の想定していない）意味を読み解いてしまう可能性がある。つまり、ある表現を用いた時に、その一つの単語なりの意味が明確にされていないという批判の可能性と正当性に疑問を呈したいのである。
　私は、偉大な学者の表現を引かなければ良質な論文を書くことはできない、という一つの「規範」について疑問を持っている。
　それは、私は有限の存在であるから、私の書く文章表現すべて(単語、語彙、文法、レトリック、熟語、その他言い回しもろもろ)の意味の系譜を引いて、それを制御することはできない。
　私は、可能な限り、表現や概念の意味を適切な範囲で読み取れるように書く努力をしている(つもりである)。

　私は、ありとあらゆる「規範」(規範という単語もひとつの言語表現だ)を取り払い「自由」に思考することを望んでいる。

　これは一見、知性への志向に反するようにみえるかも知れないが、私は敢えて、例えば、「規範」や「自由」といったことばの系譜を詳

らかにしない。というよりできない。これは、私がそれらについての知的好奇心を持たないということを意味しない。

　私は、それらの言語表現の成立やその歴史や、その意味の射程、及びその起源についてこの論文では多くのことを言及しない。それを知ろうとすること、それらについて有史以来の人類の歴史を調べることで私の一生が終わってしまうであろう。確かにそれはそれで有意義な人生であると思うのであるが、私の興味はそれだけに尽きないのである。生は有限であるから、一人の人がすべてを知りえないこと、つまり、一人の人間がありとあらゆる書物を網羅的に読解することができないことへの痛みは他の誰よりも、文学者のピエール・バイヤールが示しているであろう[バイヤール、2007=2008]。

　しかるに私は、単に時間的成約の理由のみによって知りたいと切望するにもかかわらずその表現の系譜を引かないのである。

　今、あなたはこの文章を読んでいる。

　あなたが読んでいるこの「文章表現とその解釈」という節には、さまざまな表現が用いられている。

　用いられた単語だけでも、文章、表現、解釈、意図、規範、自由、系譜、素朴、意味が挙げられる。

　これらの、それぞれの単語の意味の射程を、私が思考するのと全く同じ意味で捉える必要はない、と考えている。

　そうであっても、人はコミュニケーションが可能である。

　この文章を読むことで、確かに何かが伝わると、私は信じている。

　それは私の考えが、おそらくは妄想でないように、あなたがこの文章を読んで思考したことは、何かしたらの共通部分があるのではないか、と私は信じている。

　それはつまり、他者、ひいてはラカンの言う大文字の他者の存在を信じるということである。

ロラン・バルトの構造主義的記号論[バルト、1967]に基づくであろう現在のテキスト批評理論では、「論理の筋が通った解釈であれば、そうであるかぎりその解釈は可能である」と私は考えている。それは、広辞苑によると、その方向性が模索されていることが提示されている(「現代哲学では、文化一切をテキストと見なし、しかもそのテキストは人間の限りない解釈可能性を許容するものであるというテキスト解釈学が企てられている」[広辞苑第六版、解釈学])。

現在における数学の言葉の使い方について

平面、空間、直線、次元、集合、数、その他のありとあらゆる数学の言葉には、数学を学ぶ上での一種のややこしさが纏わりついている。

それは、多くの初学者はそれらのことばが独特な使い方がされていると感じるからだ。

例えば、集合を例にとろう。

大学教養課程までの数学教育においては、集合という数学的対象の存在が仮定された上で議論されている。

それはつまり、集合論の公理が示されていないまま教えられているということだ。それは学生の発達段階を考慮すれば当然である。その意味において、公理を設定せずに集合について議論される場合は、素朴集合論と言われる。素朴集合論とは公理的な集合論に対置される言葉として使われる。

一方で大学専門課程において、現在の数学基礎論の一分野としての集合論は、公理的なものである。つまり、数学の集合論といえば、公理的集合論をさすのである。

それはつまり、集合という言葉は、現在においては、公理的であ

ることも含意しているのである。

このことはおそらく、数学のどの言葉についてもそうであるといえるであろう。

特に注意するべきなのは、数学的体系の中に組み込まれた空間や直線、数(すう)といった公理的な抽象概念を、それらの言葉が、数学に導入され始めたときのイメージが混同されるということである。

理論科学と経験科学のちがい

理論科学であるような学問は、数学、理論物理学、理論計算機科学、理論経済学、理論社会学などである。これらは、それぞれ公理と推論規則をもっている。

物理学においては例えば、ニュートン力学では、運動の三法則と万有引力の法則、及び「質量」や「電荷」、「力」という量の存在、及びその量に対して実数値が対応するという仮定をもっている。

ここでいう"「質量」や「電荷」、「力」の存在"とは、それらの実在性ではなく、理論の中での存在を仮定している。つまり、現在の数学の集合論における「集合」という数学的対象は、現実世界のものの集まりとしての集合とは全く異なった対象であって、それと同様に、「質量」「電荷」「力」も我々が住むこの世界そのものを記述しているのではなく、一つの閉じた理論体系の中の仮定でしかない。

もちろん、「集合」、「質量」、「電荷」、「力」といった概念は、我々の生活認識、日常的認識から出発して、概念化されたものである。

しかし、概念化されてしまったら、それは、その公理的体系の中でのみ意味を持ち、その外に意味を求めることはできない。あくまでも理論は現実の現象を近似的に説明するだけである。

私が数学者と議論した限り、数学者は、数学的事実、つまり、数学の定理の意味や有用性を話すときは、数学の体系の中での位置づけを話しているだけであり、数学以外に定理の意味や有用性を求めることはできない。

　論理的な主張をすれば、それが数学的な主張、数学にとって有用な主張になるとは限らない。
　逆に数学の主張は、必ず首尾一貫しており、*consistent*である。

質量について

　現在でも中学校理科で「重さ」と「質量」が教えられている。
　私は中学生の当時、「質量」がわからなかったし、いまでもわからない。それは、今から思えば至極当然であった。
　この「わからなさ」をすでに共有している人にとっては通じるのであるが、この「わからなさ」がわからない人にとっては、見当もつかないようなわからなさであろう。

　質量とはなにかと問われたとき、質量とは「どのような物体も持っている物体の動かしにくさの度合いを表す量」であると説明される。またそれに続いて質量には慣性質量や重量質量といった二種類の定義があってそれらは等価であるといったいろいろな「説明」がなされる。
　ここで問うている「質量とはなにか」とはそういう説明で答えられる問題ではない。
　それは、現在の物理学の"中で"答えてしまっているからである。

教育的価値の制度化

　イリイチの言うように教育を世俗化するべきである一方、宗教性をもった行為としての教育を追求するという意味で、教育、特に学

校教育を宗教的なものにしなければならない。つまり、合理的な神秘主義に基づいたものにしなければならない。それは必ずしも、(キリスト教、イスラム教、仏教、禅、神道などの)既存の宗教を教育に持ち込むということを意味しない。教育制度は「生徒が教師に対して、自分と教師の非対称性を信じられる」ような機能を果たす装置であることが必要であり、またそうでなければならない。

イリイチの言う教育の世俗化と、私の主張する教育の宗教化は二律背反である。

これは、教育の永遠の課題である。

教育の外部者はそれを実現するような環境を用意することしかできないと考えている。

教育の宗教化は、教育の本質からの必然である。ここでの宗教性とは個人的で根源的で原初的なものを指す。

しかしそれと同時に、イリイチのいう教育の神話化にならないよう、十分に気をつけなければならない。

歴史的に、近代以前、近代学校教育制度が整うまでは、教会や寺院が教育を担っていた。それは、極めて自然なことであった。近代学校教育が、宗教性を養う機関であれば問題ないのであるが、教育の私事化から帰結される世俗化が甚だしいと私は考えている。

日本の東アジア的文化の土壌として、教師や教科書への（私から見れば過剰にみえる）信頼がある。

例えばアメリカの教科書制度を例に取ろう。

アメリカの算数数学教育では、日本のページ数が薄くハイコンテクストな読み方が要求される教科書とは違い、分厚い教科書が用いられる。

私はその理由は端的に現場に立つ教師を信頼していないからであると考えている。教師を信頼出来ないがために教科的内容は本に書

いてある。この点が決定的である。

また、日本の教科書供給制度も特異である。年間一億冊以上の「正しい」学校教科書が無償配布されており、優れた供給制度がなければ離島や僻地まで含めた日本の隅々まで検定教科書が行き渡るということはありえない。その教科書供給制度を維持するためにも、教科書は価格やページ数を含めて厳しく検定される。

私はこれが日本の教育における宗教性を機能的に担っている——実際にそうであるかは別にして多くの人々が「教師は正しい」「教科書の記述は正しい」と信じられていられる——と考えている。

教育における一つの体験

第三部においても詳しく述べるが、ここで教育の宗教化の一つの例として私自身の体験——私自身でも気がついた時に笑ってしまったことであるが——を紹介したいと思う

私が大学受験勉強をしていた2005年のことである。息抜きのために書店で一つの本を手にとって購入した。内田樹の『先生はえらい』という中高生向けに新たに作られたシリーズの一冊である。当時は私は学校の先生に対する反感が拭えなかったと記憶している。それでそのタイトルに興味を持ち購入した。

その本を読んで、その当時はその内容によって私が持っていた学校教師に対する反発を覆すことはなかった。それもあり、その後この本を中古書店に売り払った。

そのようなことも忘れた2007年、アルバイトの帰りに立ち寄ることにしている中野の本屋で興味深いタイトルの本があった。「格差社会」というバズワードが流行っていた当時、それに関連する他の著作も読んでいた私にとっては『下流志向』という本を手に取るのは自然の成り行きであった。そのときの情景を今でもありありと——

書店のどの位置に置かれていたことまでも含めて——思い出せる。それほどまでに教育における消費者イデオロギーの蔓延というのは衝撃的な内容であった。

その影響から芋づる式に内田樹の本を読み始めた。

今では数十冊刊行されている彼の本のほとんどすべてを読んだ状態である私は、病気で療養していた2011年頃には彼の著書のうち読んでいないもののほうが少なくなった。

その時に、再度出会ったのが『先生はえらい』という本である。

中古書店に売り払った時には想像もしなかった事態である。

このことから私は学びにおいては、教師自身の側だけでなく学ぶ側の用意が必要であるということを改めて深く実感したのであった。

これは『先生はえらい』『下流志向』の主題なのであった。

数学と教育と宗教について

私は、数学と教育と宗教の違いがわからなくなってきてしまっている。

それは、数学を含む科学のその先を追い求めることと、宗教性を持つことと、教育が行われるときに教師のその先をみようとすることのそれぞれの違いがわからないということだ。

私の頭のなかでは、その3つの言葉が互いに重なりあって、その先にある一つを目指す同じ営みとしか認識できなくなってしまっている。それは私の言葉遣いが、数学や教育や宗教といった単語の持つ意味の通常の範囲から非常に大きく採っているからである。

しかしこれは私の言葉遣いが異端なのではなく、遅かれ早かれ医学はそのメカニズムすべてを解明しないにせよ、それらの営みは脳神経科学的に「同じ」なのであると言ってもよく[苫米地、2000、p.11]、その状態は変性意識状態と呼ばれているものであると考える。

つまり、この点においては、教育と宗教（洗脳）を施すことで得ようとする結果は、「良きもの」なのか「悪しきもの」であるかという点で異なるが[苫米地、2010、pp.4-5、64-65]、それらの脳活動は同種の現象なのである。

　教育という単語を一つとっても、様々な意味で使われている。
　教育という字が含まれている熟語だけでも、学教教育なのか家庭教育なのか、それ以外にも多くの語が挙げられる。
　これらは、すべて教育に含まれる。
　教育について言及しようとした時に陥りがちであるのが、個別的で独り善がりな議論になってしまうことである。また、党派的言説にも陥りがちである。
　私はこの論文では、これらに陥ることを忌避したい。
　さらに、狭義の教育学(学校教育に限定される教育学、東大的な教育学、国家に仕える教育学、学校化された教育学、官僚主義的な教育学)からも離れて議論したい。
　ただ単に、教育という営みが持つ原理や普遍性について議論したい、と考えている。問題が複雑であるときは、原理原則に立ち返るというのは、数学やその他学問の常套手段であろう。その意味で、これは本来的な教育学の論文である。
　それは、イリイチが指摘した、社会における教育の脱神話化が図られなければならないように、学問における教育学の脱神話化を目指さなければならないと考えている。

　この狭義の教育学においては、官僚的論文を作成することが求められている。
　それは、「問題を設定し」「基本的単語に定義を与え」「先行文献を調べ考察し」「結論を見出す」という堅く、決まりきった形式を徹底し

て"教え"ようとする。これは、「神秘的でない合理主義」そのものである。
　その官僚的方法論は、問題が極めて限定的で局所的で部分的であるときのみに有効である。

　私は、現在の日本における教育システムの惨状(と言ってもいいだろう)の原因は、単一の社会的現象に求めることができないと考えている。つまり、システムの要素の次元ではなく、要素の総和以上の何かであるシステムそのものの不調である。端的に言えば現にこの論文を書こうとしている今も、官僚的方法によって論文を書けという教育がなされていることもシステムの不調の一つの症例であろう。

　宗教や宗教性という単語についても同様に、私は、普遍性や営みの原理としての宗教を焦点に当て論じる。
　キリスト教やイスラム教、仏教、儒教、アニミズム、トーテミズムなどは宗教である。
　イリイチは教育を論じるときに、トーマス・ルックマンの言う宗教における価値の制度化、つまり「教会でなければ宗教的体験を得られない」という宗教の教会化を援用した。
　価値の制度化をイリイチは教育に当てはめ、教育的価値の制度化、つまり、「学校であれば無条件に、そして学校のみで教育はなされうる」という教育における学校化を指摘した。
　これを敷衍して価値を実現するための一つの方法として制度があるはずなのに、その制度でしかない制度が、自己目的化し、本来なされるべきはずの価値を蔑ろにしているという倒錯がいたる領域においても観察される社会を、イリイチは社会の学校化と呼んだ。
　宗教における価値の制度化は、トーマス・ルックマンが指摘していることである。

第一部

数学の虚構性

数学という虚構

　私は、数学は虚構であると考える。それはつまり、数学（という理論）は我々が生きているこの空間やこの世界とは一切の関係がないということである。数学の意味を数学以外の何かに求めることはできないということである。数学は、世界の一部を確かに記述している。しかし、それは世界の一部でしかないということでもある。

　数学が世界と関係があるとしても、それは、理論としての数学や数学的モデルを構築するときのみに現象を参考にするというだけであり、現実的現象の一部を捨象し、単純化・理想化された数理モデルはもはや数学的宇宙のなかでの現象であって、それのもととなった現象とは一切の関係がない。数理モデルは現実的現象を近似的に説明するだけである。

　数学の「意味」とはなにか、これは数学の「意義」ではない。

　ここでの「意味」とは数学という体系の中での定理たちの位置付けであって、「意義」とは体系の外にその存在理由を求めるということである。つまり、数学は数学以外に存立理由を求めることができない。

　そのような意味で、数学は数学である。

　数学的事実である定理の価値や重要性は数学の内部、公理的体系の内部または公理的体系同士の関連にしか求めることはできない。つまり、数学者は物理学的な有用性を考慮して数学を研究しているのではなく、その定理なり定義なり証明手法なりが、数学の内部で役に立つのか、数学的に美しいかという視点しか持っていないのである。それは数学を特権化し物理学を貶めているわけではなく、数学とはそのようなものであるということをここでは主張したいのである。

　数学の意味を数学以外の何かに求めることを議論することは、つまり、数学を数学以外の何かで基礎づけしようとすることで数学における有益性は——それを考えることによる教育的効果はもちろん

あるのだろうが——生まれない。

　数学の意味をその外に求めようとすることが不可能であるとは限らない。ただ、数学史を辿れば過去にはそれを追い求めていた時期があったが、現在の数学者は数学に基礎を与えようとはしていない。これは、ゲーデルの完全性定理は˙ど˙こ˙で正しいのかという疑問が、現在の数学者の間では数学の定理の発見や証明に資さない、つまり数˙学˙の˙研究にはならないという意味で単なる消耗でしかないということが一つの例になっているであろう。

　第6章では完全性定理を証明したわけだが、この証明は第5章に書いてある*LK*の証明ではない、つまり形式化された証明ではない。しかし、初めに述べたように通常の証明は原理的に形式化された証明に直せるものである。そこでこれを集合論の中に形式化することを考える。さて、この証明を形式化したとき、当然、論理式が現れるが、その形式に対応する内容は、つまり、対応する構造は何か、ということになる。それは、ϵの解釈をもった構造で、集合論の公理を満たすものである。この構造で完全性定理の解釈がなされる。完全性定理が、*L*-言語、*LK*の証明体系、*L*-構造に関するものとすれば、この集合論の公理を満たす構造の中で*L*-言語、*LK*の証明体系、*L*-構造が形式化され、形式化された完全性定理の証明が得られる。第1章でのべた形式と内容の区別は、内容の中に、そして形式の中に埋め込まれた形で再度現れる。容易に予想されることだが、この操作に再現がない。このようなことを考え始めた方は数学基礎論発祥の地から、あるいはものごとを論理的に捉えようという態度の発祥の地から、一歩踏み込んだところに入ったといってよいのではないだろうか。

　著者がこのようなことを考え悩んだのは、集合論の勉強をする

一方、ゲーデルの不完全性定理の証明を読み終わったころだったと思う。学部4年生のときから大学院入学の決まっていた東京教育大学に通っており、当時の著者の周りには数学基礎論分野の研究をする、先生、先輩が沢山おられた。著者は当時は、集合論に興味をもって勉強していた。現在でも興味をもっているが。そして、数学基礎論を勉強すれば、ものごとをとことんわかるようになるだろう、と漠然と思っていたように思う。そのようなことを先生、先輩と話すうちに、どうもそういうものではないのだと思うようになった。まあ簡単にいえばとことんわかるわけではない、ということがわかったということなのだろう。その結果、今だって、気になって考えると結局わからなくなるのだ。つまり、悩まなくなっただけで、よくわかるようになったわけでもない。

[江田、2010、pp. 103-104]

　数学の意味を数学以外の何かに求めることはできない、数学者たちはそのように考えていないからといって、それが数学という学問の価値、数学を研究することの価値が減じることはない。むしろそうであるからこそ、数学そのものに価値があり、数学が有用たりうるのであると考えている。以上のことははっきりと言語化しているか否かを別にして、数学者であれば理解しているであろうことであり、私が話した限り多くの数学者はそれを実際に理解しているようにみえる。数学には基礎づけが与えられていない、つまり、数学の公理を正当化するものは存在しない。その意味で数学は自律的で自立的な (*autonomous* で *stand-alone*) 学問である。現在では、数学の基礎づけの可能性について考えられていないし、実際考えなくても数学を営む上で何も問題がない、と思うのである。

物理学の中の数学

　では、数学は虚構であるにもかかわらず、数学を基礎にしている物理学と、物理学を基礎にしている現在の科学文明がこれほど発達し、隆盛を誇っているのはなぜか。なぜ、何にも基礎づけを持たない数学によって、物理学は、近似的とはいえ多くの現象を説明することができるのであろうか。それは奇跡的なことなのではないだろうか。

　デュドネは『人間精神の名誉のために』日本語版への序において芸術との比較で数学について語っているが、私の意見では、数学と比較すべきものは他に無数にある。それは、知識や学問と呼ばれるものを含んだありとあらゆる文化的蓄積である。

　知識とは、人間の宗教性の産物である。人類が「ここではないどこか」を追い求めてきつづけ、また、ポール・ゴーギャンの絵画の題名として有名な言葉である「われわれはどこから来たのか　われわれは何者か　われわれはどこへ行くのか」を考え続けてきたその集大成を、われわれは知識と呼ぶのである。

　数学や物理学が、広くは学問が発展してきたのは、人間は過去、真理を常に希求し続けてきたし、現在もそうであるからに他ならない。聖なるものを追い求めることこそが、学ぶということであり、学問をするということである。

　教育には宗教性の構造が本質的に備わっている。それはなぜかと問うたとき、「世界はそのように構造化されている」としか言いようがないのである。そのため、我々はそれを説明する盤石な理由をもってして説明することはできない。しかし、我々はそれを求め続けることができるのである。

　現在の科学文明という結果が奇跡なのではなく、現在人類が宗教的であるからこそ、人間が現に宗教的であることこそが奇跡なのである。

　今現在、人間は宗教的である。過去を遡れば、いつかは定かでは

ないが、確かに、人間は宗教的になりえた日があった。その日、ヒトはサルから人になっ〇〇〇〇日があった。

どれほど昔なのかは不明であるが、いつからか人類が宗教的になりえたことこそが奇跡なのである。

1968年の映画「猿の惑星」のセリフにあるように、「類人猿の脳内に聖なる電気信号が存在するのはなぜか」という端的な疑問を説明することはできない。それでも、一体誰が世界をそのように作ったのかと聞かれたら、人はその主体を神と呼ぶのである。

これは、当然ながら科学哲学における奇跡論法に対する大きな反駁でもある。

また、フロイトは、人間の宗教性の起源の前段階としてタブーを考察した。彼はこれを論文「トーテムとタブー」にて考察したのであった。

この論文は数学や物理学とった学問分野を貶めるものではない。それはつまり、私がそのような意図を持っていないというだけでなく、本論文の主張は事実として数学や物理学を貶めることはないのである。

私がこの論文を書こうが書くまいが、それを数学者や物理学者が読もうが読むまいが、昨日まで数学や物理学の研究がなされてきたように、明日以降もなんら変わりなく研究が進められていくのである。つまり、この論文が直接的に数学や物理学に貢献することはない。

一方で、現在の物理学は後で見る通り、現在の数学理論の限界と実験装置の巨大化（とそれに伴う予算の膨張）による限界に到達しつつある。物理学や数学を志す学生が私の論文を読み、現在の物理学の問題点を十分に熟知した上で新たな物理理論を創りだすのかもしれない。この論文が数学や物理学に貢献するのであれば、そのように教育を迂回した形でしか貢献しえないであろう。

国家や貨幣の虚構性

　現在の多くの国家は、憲法によってその成立は基礎づけられている。
　憲法の「正しさ」は、国民の憲法意思という一般意思に基礎づけられている。
　国民の国民性は、基礎づけられていないという意味でフィクションであり、一人ひとりの意思の単純総和である特殊意思ならざる一般意志が存在するということも同じ意味でフィクションである。
　私は、「だから国家などは無くしてしまえ」という政治的でアナーキスティックな主張をしたいのではない。
　国家は国家として現にこの社会で成立している以上、国家は基礎づけられていないという自覚を持ちつつ、我々は社会を営んでゆくべきであろう、と主張したいだけである。

　貨幣も同様である。
　数十年前まで金本位制の時代には、貨幣は金というモノに基礎づけられていた。しかし、現在はそうではない。貨幣が貨幣であることの正当性は、「現に貨幣が貨幣として流通しているから」という自己言及性にしか担保されえない。
　しかし、それを見極めた上で我々は生きてゆくべきであろう。

　数学も私は同様であると考えている。
　数学の公理は、いかなる自然物、いかなる人工物にも基礎づけられていない。その意味で数学はフィクションである。

数学的無限・数学的有限と人間的無限・有限の違い

　数学学習は「無限をいかに掴むか」についての学習であり、それを追求することで学習者自身の認識の枠組みを相対化することである、と多くの数学者や数学教師は考えている。

ここには、無限という言葉についてのダブルミーニングの問題が存在する。
　無限という言葉を、数学的対象であるという意味での数学的無限という意味で用いる場合と、人間は有限であり、それと対となる無限——有限ならざる無限なる無限——という意味で用いる場合がある。そして、意図的か非意図的かはわからないが、この2つの無限性／有限性を混同して、数学教育について議論をしている。

　私はこの2つの意味の混同を単純に否定したいのではない。
　私がそうであったように「数学的無限は、人間的有限に対する無限ではない」という事実にいつかは気が付かなければならない。それは第三部でのべるように、崇高なるものを希求する営みとしての数学への期待を膨らませる一方、その期待が裏切られ、屈折してしまうことが起こりうる危険性を、教師は知っていなければならない。

時間の虚構性

　本論文では、公理的体系としての数学として、古典論理上 **ZFC** を考える。数学では様々な公理系を考えることができるが、それらの違いについては数学基礎論の専門書に譲るとする。本論文では古典論理上 **ZFC** に限って議論しても(他の公理系を一つ固定して議論しても)論旨は何ら変わらない。

　ただ古典論理上 **ZFC** を選んだのは、その中で現在の数学のほとんどすべてを展開できるからにすぎない。

　虚数という数学的対象に困難を覚える高校生は多い。その困難さは端的に、「虚数は実在するのか」という問いに代表される。

　私自身は高校生のとき、その疑問を徹底的に考えようとしなかったし、考えられなかったと思う。それは、現在でも多くの高校生にとってもそうであろう。

　そもそも、個数としての自然数ですら、指数で表示することが不可能なグラハム数などを考えればおのずと理解できるように、この世界に巨大数は意義を持ち得ない。

　これまで述べたように、数学は、つまり、虚数は世界の実在について関知しない。

　数学的対象である一つの虚数(例えば、$2+i$)が存在するということと、同じく数学的対象である一つの実数(例えば $\sqrt{2}$)が存在するということの意味は同じである。

　それは、"すべてのありとあらゆる集合のあつまり"を意味する真のクラス V(ゲーデルの宇宙)の中にあるという意味であるのか、古典論理上 **ZFC** において構成可能であるのかといったような意味で同じである。それはつまり、$\sqrt{2}$ がこの世界の何かを表す(*represent* する)ものではない。

数学的対象としての虚数それ自体はこの物理世界との関連は一切ない。

しかし、物理理論における虚数の扱いを考えると、話がややこしくなる。

宇宙論を適切に展開するのに虚数の時間を想定すると、その宇宙論がより適切にこの現実を説明することができる。つまり、物理学的な推論をするにあたって数式を用いるのは、その背後に数学的な構造が潜んでいるのではなく、ただ単に、物理理論上の技術的な問題を便宜的に回避するためである。

このことは、物理学のどの分野にも——宇宙論でも量子力学でも相対性理論でも——あてはまる。

数学は、虚構(フィクション)であるにもかかわらず、極めて美しく、極めて有用なのである。

物理学者のホーキングやマジッド、佐藤は以上のことに関して次のように述べている。

　量子力学と重力を結びつけた、完全に整合的な理論はまだない。しかし、このような統一理論が備えているはずの特徴のいくつかは、かなり確実にわかっている。この理論は、経歴総和法を用いて量子論を定式化するというファインマンの提案を取り入れるべきであることが、その一つである。(中略)　しかし、この総和を実行しようとすると、いくつかの深刻な技術上の困難にぶつかる。それを回避する唯一の方法はつぎのような処方箋にしたがうことである。私やあなたが経験している"実時間"ではなく、"虚時間"と呼ばれるものの中の、粒子経歴に対する波を加え合わせなければならないのだ。(中略)　ファインマンの経歴総和法の技術的困難を避けるには、虚時間を用いなくてはならない。つまり、計算上の目的のために、時間を実数ではなく虚数で測らなくてはならないのである。　　　　　　　　　　　[ホーキング、1995、pp. 190-1]

カルテック時代にはよく海岸沿いに車で二時間のサンタバーバラを訪ね、親しい研究家仲間のジム・ハートルと共同で、ブラックホールから脱出する可能な限りの経路を合算する方式だ。(中略)この計算には虚数時間の概念を取り入れている。方向が通常の実時間と直交する時間と考えればいい。ケンブリッジへ戻ってから、かつての教え子ゲイリー・ギボンズとマルカム・ベリーの協力を得て、この考えをさらに発展させた。実時間を虚数時間に置き換えると時間が空間の第四の方向になるところから、これをユークリッド方式という。当初はさんざんな抵抗に遭ったが、今では量子重力の研究に最良の手段と広く認められている方式である。

[ホーキング、2014、pp. 116-7]

　多くの物理学者たちは、ビールやワインを飲みながら話すときには、多分、時空は連続体ではないということが問題の根源の一部ではないかということを認めるのですが、しかし、数学的に適当な代案がないので、自分たちの理論を連続体の課程の上に構築することを続けるのです。このことについて、私は、弦の理論を含めて考えています。この理論は弦の小片に関する量子力学として粒子や力を記述しようという試みですが、その弦の小片たちは連続体の中を動いていると仮定しているのです。もう1つの問題に関していうと、ごく数年前までは、予測できる将来に、量子力学を実験室の中でテストすることが可能になるというようなことは、考えられないことでありました。その理由は、チラシの裏側を使ってでもできるような簡単な計算でもわかるように重力は力としてきわめて弱いので、素粒子のスケールの世界へのその影響は絶対的に小さいということです。このことに関連して、思いだすのですが、3年前に政府の補助金に応募した申請書が、ある種の量子重

力に関する実験が可能かもしれないということを意味する内容を含んでいたために、これを認めれば明らかに資金の無駄遣いになるという理由で、政府から怒りに満ちた言葉で棄却されたことがあります。今から考えますと、このような態度が過去数十年の間に一種の病的現象にまで膨らんだと思われます。それは、永い間解けないとされていた問題が本格的に取り上げられず、殆どの人たちがその問題を真剣に考える価値すらないと信じるようになった時に起こるような病的現象です。私は、ここで、過去20年間に量子重力に関して、何も価値のあることがなされなかったといっているのではありません。そうではなくて、私の目的は量子重力の実際の理論の問題がなぜこのように扱い難かったかということを分析することにあり、それは上に述べた2つの理由によるものだと思うのです。さらに、そのような風潮の中で理論物理学の主流は、近年新鮮な問題意識を失った、あるいは、過去20年間に得られたものはある倦怠感であった、といってもよいかと思います。

　本書の編集者として、我々は本当は知らないのだという事実をもっとオープンに伝えられるならば、非常に嬉しいことです。これは、この数十年間メディアがこれを正反対の印象を与える傾向にあったと私が感じていることに対する反応でもあります。私の同僚の誰かがラジオの番組にでて、例えば、時空空間というものは10次元の連続体である(なんらかの理由により、その中の4次元部分空間に我々は閉じ込められている)というような権威ある発言をしたとすると、それは上に述べたような事実とは正反対の印象を与えるのです。ある種の弦の理論が、時空は10次元の連続体であることを予測しているという発言は正しいものではなく、弦の理論はその出発点となる事実として、時空空間はある次元 n の連続体であり、その中で「弦」と呼ばれる伸び縮みするものが動いているということを仮定するというのが正しいのです。このように考え

るとき、弦の理論は望ましい$n=4$の場合には、変則的なテクニカルな問題があって、成り立たないことが分かるのですが、そのテクニカルな問題は、例えば$n=10$の場合には修正することができるということなのです。もちろんこの「修正可能」ということが、実際は観測されない余計な次元を説明しなければならないという、概念上でもテクニカルにも誠に厄介な問題を持ち込むことになりますし、またなぜその特殊な修正が本質的で他の修正では駄目なのかという問題も出てきます。ここで問題なのは、この理論とかあの理論とかいうのは、実証することが可能でなければ、少なくとも、その理論の複雑さや、おかれた仮定の特殊性などを比較して、その理論がどれほど説得力を持っているのかを判断されるべきものだという視野を一般大衆から取り去ってしまっていることです。私がここで弦の理論を例として取り上げたのは、この理論が近年メディアに頻繁に登場しているということのみがその理由であって、同様な評価基準は理論物理学の他の分野にもあてはめられるべきものです。

[マジッド編、2013、pp. viii-x、引用文はマジッドによる序文。]

　量子宇宙は大きさゼロの状態からトンネルをくぐって出てくるまで、虚数の時間で膨張してゆく。トンネルからところで実時間となりインフレーション宇宙へとつながるのである。虚数の時間は元々トンネル効果の確率や経路積分の便宜から導入されたものである。実時間の前に虚数の時間として宇宙が始まったとすれば、始まりの時空の特異点も無くなる。虚時間は実は時間軸が空間軸と区別がつかないものになったという意味である。実はインフレーション前のトンネルをくぐっている時代の宇宙は空間4時限の宇宙なのである。ホーキングは無境界仮説を提唱した頃、「虚時間を使うことは単なる数学的トリックにすぎず、実体や時間の本質につ

いては何も語っていないと言ってもかまいません。私のような実証主義者にとって、観測結果を説明する数学的モデルを定式化するのに、虚時間が役に立つかどうかだけが、可能な問いです。」とかたっている。しかし、1991年の東京での講演では「虚時間の概念は、次の世代には地球が丸いのと同様に自然だと考えられることになるでしょう。虚時間は世界を形作る何かなのです。」と言い切っている。虚数数(引用者注－原文ママ)の時間が存在するか否かという議論は不毛であるが、存在すると考えたほうが、論理の展開に便利ならばあると考えて研究を進めた方が生産的である。

[佐藤、2007]

　佐藤がこの引用の末尾でホーキングを引いて述べているように、現在の理論物理学者は、宇宙論において虚数時間を用いることをためらわない。それは、虚数時間が実在なのではなく、「観測結果を説明する数学的モデルを定式化するのに、虚時間が役に立つかどうかだけ」が問題なのである。

　このことは、単純に虚数時間の非実在性を帰結しない。それはつまり、「虚数の時間が存在するか否かという議論は不毛であるが、存在すると考えたほうが、論理の展開に便利ならばあると考えて研究を進めた方が生産的」なだけである。物理理論はある種の秩序を確かに捉えてはいるのであるが、それは、その理論に用いられた数学的対象や数学的推論の実在性を担保するものではない。

　「虚時間の概念は、次の世代には地球が丸いのと同様に自然だと考えられることになるでしょう。虚時間は世界を形作る何かなのです。」とホーキングが述べているように、現在の物理学者にとっては「虚時間の概念は、……地球が丸いのと同様に自然」である。それは確かに「虚時間は世界を形作る何か」なのであって、実在・非実在を議論するのは、哲学的には価値があるのかもしれないが、物理学的

には不毛である。それは、端的に言えば、物理学者が虚数時間を措定するのは、整合性のある理論を展開するのにそれが有用だからである。

　物理学における虚数時間の措定を始め、数学の虚構性は、今後どれくらいの年月がかかるのかはわからないが一般市民にも当然のこととして受け止められるようになるであろうと私は予想し、またそうなるべきであると考えている。

ゼノンのパラドックス

アリストテレス以来、ゼノンのパラドクスという古典的な命題を通じて、われわれにとっての空間や時間の連続性、自然においての空間や時間の連続性について論じられてきた。

ゼノンのパラドックスに対しては、メイザーが『ゼノンのパラドックス』第9章において論じていることに、大意として私は同意する。

それは、数学者の砂田が指摘するように、実数論を用いたとしてもゼノンのパラドックスは解決されない。つまり、実数論を用いてゼノンのパラドックスを考察したとしても、それは数学的モデルの一つを提示したにすぎないということだ[砂田・長岡・野家、2011、p.39]。

17世紀のイエズス会の数学者であるサンヴァンサンのグレゴリーが歴史上初めて、無限級数を用いてゼノンのパラドックスを分析した[メイザー、2009、p. 127]。

これは今日で言えば、解析学の初歩を学んだ学生がゼノンのパラドックスに対しての、部分的には正しい——つまり、我々にとってのこの空間の数学的モデルが実数論(または、ある種の完備性を備えたモデル)で記述できるという前提の上で、またその上のみで正しい——回答である。

メイザーは、アリストテレス『自然学』を引いて以下のようにゼノンの四つのアポリアの一つとして「二分割のアポリア」を提示している。

　二分割——運動する物体は、いかなる地点にも達しえないこと。どんなにその点に近くても、そこに着く前に必ず中間地点を通らなければならず、ついで残りの中間地点を通らなければならず、以下同様となり、この繰り返しにはきりがないからである。したがって物体は、目標がどんな距離のところにあろうと、そこに達する

ことは決してできない。

アキレス――どんなに速いランナーでも、相手が少しでも前方からスタートする場合には、それがどれほど遅かろうと追いつけないこと。速い方が相手の出発点に着いたときには、遅い方は、わずかとはいえその前に進んでおり、追いかける方がその地点まで達しても、相手はさらにその先へ行っていて、以下同様になるからである。　　　　　　　　　　　　　　　　　　[メイザー、2009、p. 11]

これらは論理的には同等である、とアリストテレスも主張している[アリストテレス、1968、p. 258 = 239b21(ベッカー版による記号)]。

この論理的な議論に対する高校生的で数学的な模範解答は、以下のようになるであろう。

論理的に同等であるため、二分割のアポリアに対して、議論することにする。

二点間の長さをLとする。常に同じ速さvで進むとする。

最初の二点の中間地点に達するには、$\frac{L}{2v}$だけの時間が必要で、それから次の中間地点まで進むのに$\frac{L}{4v}$だけの時間がかかる。同様に、$n-1$番目の中間地点からn番目の中間地点まで進むのに、$\frac{L}{2^n v}$だけの時間がかかる。

つまり、出発してから第n番目の中間地点まで到達するのに、

$$S_n := \frac{L}{2v} + \frac{L}{4v} + \frac{L}{8v} + \cdots + \frac{L}{2^n v}$$
$$= \left(\frac{L}{2v} - \frac{L}{2^{n+1}v}\right) \Big/ \left(1 - \frac{1}{2}\right) = \frac{L}{v} - \frac{L}{2^n v}$$

だけの時間がかかる。

したがって、nが限りなく大きくなれば(これは収束性を説明す

るために高校の教科書に載っている言葉だ)、S_nは、$\frac{L}{v}$に収束する。

つまり、無限級数

$$\frac{L}{2v} + \frac{L}{4v} + \frac{L}{8v} + \cdots + \frac{L}{2^n v} + \cdots = \frac{L}{v}$$

が成立する。

故に、出発した場所から到達するべき所までは到達する、と結論づけられる。

これは、日本の微積分を学んだ高校生の回答であれば、数学的には満点の回答である。

このような回答は、実数の完備性や連続性やその他の数学を前提にし、時間や一次元の空間が連続的な直線で表されるという仮定をおいている。

しかし、メイザーも言及しているように、「アキレスも亀も点ではな」く、現実世界のモノの運動が数学的な直線や線分の上の運動として記述されているという意味で「何らかの数学的モデルが、アキレスが亀に追いつくところを特定できること」は事実である。

しかし、数学的対象を一切用いずにゼノンのパラドックスを考察するべきである。つまり、「われわれはそんなことになる(ゼノンの逆説はできないと言っているのに現実として起こる)理由を、実際に目にしているものを正確に表わしているかどうかわからないモデルに訴えることなく説明する必要がある」と私は考える。[メイザー、2009、p. 142-143、()は引用者による]

では、「アキレスと亀」と「二分割」に対し、数学を用いない反駁は可能であるのか。

この問いは、例え近代科学は発達しようとも簡単に論駁できる種類のものではない。そのため、これは今後の研究課題にしたい。

　ここに連続性ということばについて、数学での連続性の定義とそれ以外の連続性の意味が異なることが焦点になる。

　空間ということばが、数学的に定義されたものであるのか否か、ということが議論の要であることは、「虚数時間」の章でも述べた。同様に、連続性——数学の用語としては実数の連続性——という言葉も、日常的・感覚的な意味で用いているのか数学的定義をもとにしたものであるのかということについて自覚的でなければならない。

　数学者の足立恒雄が言うには、「現実の世界の直線は、どこを原点とし、単位の長さを何に選ぼうとも、有理数体にすら対応していない。ましてや連続性などという性質を備えているはずがないのである」[足立、2013、p. 67]。それは数学者の偽らざる主張であろう。

　では数学的な連続性の定義から離れた意味で、われわれが生きるこの空間は連続的なのだろうか。

　マジッドも指摘している通り、われわれが生きるこの空間が本当に連続的であるかに関係なく、物理学の限界・物理学の盲点の一つとして、最先端の理論物理学者は実数論をはじめとした連続体の上での解析学を用いざるを得ないのである。

　実数や複素数のような連続体上での解析学は、実解析・複素解析といった数学の一分野として成立している。では、有理数の上で解析学を展開できるのであろうか。

　もし、有理数上の(十分な)解析学が存在するならば、とうの昔に発見されているはずである。しかし現在までに、物理学に応用し望ましい結果が得られるような有理数上の解析学は発見されていない。それはつまり、少なくとも有理数上の物理学に応用するのに十分な

解析学は存在しないと考えて良いであろう。

　今後は数学において有理数上に限らない非連続体上の解析学の研究が、物理学からの要請によって求められるであろう。

　さらに言えば、物理学の持つ学的盲点を補完するための数学が研究されることになるであろう。

　現在の数学の教育は、今後どのように変わりうるのか。

　数学者や物理学の研究者を養成するための数学の教育は、結論から言えば、教師の数学観、社会の数学観以外は何も変わらない。

　つまり、現在の数学教育では、高等学校課程から大学教養課程にかけて実解析を学ぶということは、世界共通であろう。では実解析を知らずに、非連続体上の解析学を研究できるであろうか。

　否、現在までの達成である(実・複素)解析学を知ったうえで、その学的盲点を熟知したうえでのみ、新しい知はひらかれるのであろう。

不可欠性論証の反駁

　この章では、分析哲学者のクワインを始めとした哲学者たち提示した、数学的対象の実在を示す論法である不可欠性論証への反駁を行いたい。

　不可欠性論証は主にクワインやパットナムによって主張されてきた。不可欠性論証の提示の仕方は幾様にもありうるが、クワインらの主張する不可欠性論証の一つとして斉藤やシャピロが定式化した論証について反駁する。

　斎藤健は、クワインやパットナムらの不可欠性論証を「それらに共通する要点を最大公約数的に抽出し、よりきめ細かく定式化したもの」として次のように提示している。

> 　全体論ではしばしば次のような議論がなされる。
> ①我々は我々のもつ最良の自然科学理論を真であると考えている。
> ②こうした自然科学の理論はその不可欠な部分として数学を用いている。
> ③その数学理論は数学的対象に関する存在言明を含む。
> ④それら数学的存在言明は12により正当化され、真である(注3)と見なされる。
> ⑤従って、その言明の存在量化の値として、我々は数学的対象の存在に関与することになる。
> 　こうした形の議論は「不可欠性論証」と呼ばれ、数学的対象の存在性を正当化する議論であると言われる。
>
> （注3）ここでは、単に「証明可能」と述べる以上のことを要求する。さもないと、数学は定理を証明する自律的学問として経験科学からの正当化は不要になってしまう。
>
> 　　　　　　　　　[斉藤、2001、p.22、注の表記の仕方を変更、
> 　　　　　　　　　　また改行・インデントは引用者による]

私は、この①、②、③については個別的に同意する。
　しかし④については、斉藤が付した（注3）というまさにその点において、「経験科学からの正当化は不要」であるという斉藤の主張について、私はこの不可欠性論証に同意できないのである。
　前章までにも述べているように、ここでの「証明可能」という言葉の意味は、すべての数学的定理が実在としての真理であることを示すということとしての「証明が可能である」ということではなくて、（例えばZFCといった）数学的体系において数学的定理に対する形式的証明が存在するという意味での「証明が可能である」ということである。
　数学的定理の正しさは、つまり数学的定理の証明可能性は、その形式的証明の有無によって決定される。ある数学的主張の形式的証明の有無は、当然であるが、数学的体系に依存する。つまり同じ主張であっても、ある数学的体系では正しく、ある数学的体系では正しくない、ということが起こりうる。

　斉藤が（注3）で述べているように、数学は実際に「数学は定理を証明する自律的学問として経験科学からの正当化は不要」なのである。

　シャピロが提示した不可欠性論証はどうであろうか。
　彼は実解析と物理学を焦点にとって不可欠性論証を次のように述べている。

(1) 実解析は「実数」と呼ばれる抽象的対象を指示し、それらの上を走る変数をもつ。さらに、実解析の公理の真理を受け入れる者は、これらの抽象的対象の存在にコミットしている。
(2) 実解析は物理学にとって不可欠である。すなわち、現代物理

学は、実解析の言明なしには、定式化することも、実際に研究を進めることもできない。
(3) もし実解析が物理学にとって不可欠であるならば、物質的実在にあてはまるものとして物理学を受け入れる人は、そのことによって実解析の真理にコミットしている。
(4) 物理学は真である、あるいはほとんど真である。

この論証の結論は、実数が存在するということである。
　　　　　　　　　　　　　　　　　[シャピロ、2012、pp.302-303]

　これに対しては「理論物理学」は定義上、「物質的実在にあてはまらない」というだけのことである。

　現在の時代においても、「何が正しいのか」「何が確かで、何が確かでないのか」ということを考えると、議論が困惑する。このことはギリシャ時代から変わらないのではないかと考える。
　数学について言及されるとき、「公理とは自明に真なる命題である」と語られることが多い。
　しかし、「(例えば**ZFC**といった)公理系の正しさ」については、現代の数学者はそのように考えないのである。つまり数学者の数学に対して、「数学において、公理系は普遍的な意味で正しいのかはわからないけれども、とりあえず公理を正しいと仮定すれば、あることは導くことができ、あることは導くことができない、ということだけであって、それ以上でもそれ以下でもない」という認識を持っていると私は考えている。
　これは数学の無価値性を意味するのではなく、2000年以上前にさかのぼれば、数学は以前からそのようでありそれから何も変わっていないかったのである、と私は考えるのである

公理（*axiom*）という言葉の古くは、ラテン語の*axioma*にさかのぼる。*axioma*の意味は、「懇請」であると聞く。

　つまり、古来から、「何が正しいのか」を確実にするために、「とりあえず正しいもの」を仮定することを懇請した。それが公理である。つまり公理という言葉は、その起源からそもそも、（公理は公理だから正しいという自同律以外の正しさで）それ自体の正しさを担保していないのではないか、ということが私の仮説である。

　これは今後、文献的裏付けによって確かなものにされるべきである。

第二部

序章

　私は教育についてプレーンに考えたい。
　「教育」という語が使われるとき、ほとんどの場合が限定的な意味で使われている。

　例えば、教育問題という言葉は、大抵、学校教育にまつわる問題という意味で使われる。他の教育について言及するときに用いる単語は得てして限定的であり、そもそもがその単語を知るときの姿勢そのものが既に学校化されていると考える。
　私は、教育という営みそのものを主題的に論じているのを見聞きしたことが広い意味での教育という意味において寡聞として無い。

　学校教育以外の教育という文脈で、生涯教育や社会教育という単語たちは独特の含意をもつため、私は教育について言及する上ではそういった単語たちを用いることができないし、それを主題として用いるつもりもない。
　同様に教育に関係する多くの単語は、特有の意味を持ちすぎるため私が言及しようとしている教育について、正確に伝えることができない、と考えている。
　当然、例えば、数学教育、教科教育、学校教育、家庭教育、社会教育、職業教育、生涯教育、義務教育、普通教育、初等・中等・高等教育という単語は用いることは用いるが、これは意図をもって限定した場合にのみ用いる。
　これらの言葉はすべて私の言及する限りなく広い意味での教育というプレーンな単語に含まれるものである。
　教育という語の射程はどの程度まで広いかというと、原理的には人のありとあらゆるコミュニケーションは、教育となりうると私は考えている。そのため、特有さを強くもった既存の単語を用いるこ

とは可能な限り避け、色をつけずに教育という語を用いたいのである。

　教育という単語の使われ方として、近い意味で用いている例を強いて挙げるとすれば、社会システム理論における社会システムという全体の部分システムとしての教育システムの一つの要素としての教育コミュニケーションという使い方が近いであろうと考えている。

　言葉のこのような用い方は、教育の原理・原則そのものを考察したい、という動機による。

　私は、現在の日本の学校教育のあり方が法に反している、つまり、人間の認識の根本的で必然的な条件そのものに反している、と考えている。ここでいう法とは、当然であるが、国会等で通過した法律ではなく、抽象的な意味での法則、それそのものの根拠を問うことができない、世界はそうなっているとしか言えないような、例えば物理学で言えばエネルギー保存則といったような法則（英語でいう *law*）である。

近代学校教育批判

　私は、この章において、近代における学校教育に対する批判を行う。ここでは、私は社会の中での教育のあるべきあり方を提示することにすぎない。つまり、社会システムの中での教育システムの問題点を可視化することのみを目指している。

　それはつまり、教育システムの問題それ自体がとても大きすぎるため、私はおいそれと解決案などを提示できない。その点はお許し頂きたい。まず、そもそも今の社会で教育の問題とは何かということや、学校化という言葉の射程を確かにしないと、システムの問題を解決するということは不可能である。問題を明確にし、その問題点を徹底的に自覚した上で、システムの改善を図らなければならない。

　結論としては、本論文が提示する教育システムにおける問題の自覚は解決のための必要条件である。それは必要であるが、それだけでは充分ではない。

　イリイチは、『脱学校の社会』や『脱学校化の可能性』において実践案を提示している[イリイチ、1977、pp.43-50]。しかし、私は社会の脱学校化へのイリイチの方策は今現在の日本社会にとっては、無意味に等しいのではないかと考えている。ただ、イリイチの次の指摘は一聴に値するであろうし、私の姿勢はこれと何ら変わらない。

　　(キリスト教における価値の制度化を引いて——引用者注)　同様に教育の過程が社会の脱学校化から利益を得るであろうということは疑問の余地がない。たとえこの要求が多くの学校関係者にとっては教育に対する叛逆のように聞こえるとしても。しかも今日学校のなかで消滅させられつつあるのは、教育そのものなのである。キリスト教信仰を一般信者のものにできるかどうかは、教会に根を下ろしているキリスト教信者がそのために献身するのかどうかにかかっている。それと全く同様に、教育の脱学校化が成功する

かどうか否かは、学校の中で育てられた人々がそのためのリーダーシップを発揮するかどうかにかかっている。彼らが学校化されたカリキュラムでの教育を受けてきたということは、その仕事を逃れるための口実とはなりえない。われわれの一人一人は、たとえこの責任を引き受けるのが精一杯で、他人に対しての警告として役立つことしかできないとしても、自分を現在の自分にしたことに対しては依然と責任があるのである。　[イリイチ、1977、p. 53]

　イリイチは『脱学校の社会』において、「価値の制度化」や「教育の非神話化」といった言葉を用いて近代社会を批判した。社会全体に価値と制度の混同が広がっていることを、ワンフレーズで「社会が学校化されている」と表現している。

　そもそも宗教社会学者のトーマス・ルックマンの宗教における「価値の制度化」[ルックマン、1976]からのアナロジーによって、イリイチは特に教育において、「本来求められるべき価値を達成するために制度がある」はずであるのに「制度を満たしさえすれば価値が達成される」という倒錯を指摘した。

　ルックマンの仕事により宗教学において、制度としての宗教ではなく宗教意識・宗教体験としての宗教の研究が注目されるようになった。ルックマンが教会とそれにまつわる制度ではなく個人の宗教体験を重視したように、イリイチは、教育を行う学校が神話化・特権化されてしまい、制度としての学校に通ってさえすれば教育的価値が達成され制度としての学校でしか教育的価値を達成できない、という誤解を解くべきであると主張した。これを教育の脱神話化と呼んだ。

　教育的価値の制度化は官僚主義を生む。

　私は、以上のようなイリイチの指摘はまさに現在の日本の教育そのものを指摘したものでもあると考えている。

　むしろ日本の学校教育に限ればイリイチの原著や訳書が出版され

た1970年代当時より現在のほうが、イリイチの指摘は残念なことに、より当てはまっているのではないかと考える。

私の指導教授の渡邊公夫先生は、毎年受け持っている授業の初めにこのような"ジョーク"を言う。
「高校までの教育では、授業中に寝ていても、携帯をいじっていても、ボーっとしていても、とりあえず出席さえして最低限の課題さえこなせば、授業の内容が身についたかどうかを別にして、卒業はできる。つまり、学校教育が習得主義から履修主義に方向転換したのだ。もちろん高校以前の段階だけでなく、今のこの授業もそうなっているかもしれないけどね。」

教育の方向性が習得主義から履修主義に変わることは、端的に学校組織を、学校制度を官僚主義的にする。
そのことの一つの例が教員採用であろう。

現在の学校教員には学問への志向が求められていない。それは、数学を教える大学教員の「数学ができる学生ほど採用されにくい傾向があり、逆に数学的にはちょっと苦手な人が採用されている」という声が上がっていることからも明らかであろう。教員採用に限らず一般に、就職試験において官僚主義的従順さ（のみ）を身につけた体育会系部活動の所属者が有利であることが、少なくとも数十年前から日本の伝統である。少なくともこの数年は確実に、そのような従順的資質を求める傾向は教員採用試験においても強化されていると私は考える。

なぜそうなるかというと、高度に産業化された社会の構成員の養成機関としての学校は、官僚主義的に運営されることが必定であり、その組織のメンバーは反知性的で従順であるほうが都合が良いという、

極めてプラクティカルな理由からである。

それは学校教育の目的が、生徒自身の教科内容とそれを学ぶ方法の理解が第一の目的になるのではなく、隠された目的、隠れたカリキュラム *hidden curriculum* (イリイチ) として、分業化され細分化された仕事に邁進するための学習でしかない。それは上司(教師)の言うことを、そして言うことのみをする労働者を育成するということだけである。

そのために教員に求められるのは、主体性ではなく卑屈なまでの従順さである。

今日の産業社会の組織で働くには主体性は身につけてはならない。身に付けるべきであるのは、上に立つものの認める範囲での倒錯した主体性である。ここに、主体性を称揚しながら従順さを求めるというアンビバレンシーが生まれる。または主体性を称揚しながら従順さを求めてもそれに従わない生徒には、「学校でうまくやれないようなら社会で生きていくのは無理よ」といって生の権力振りかざし、子供は死の権力を行使せざるを得なくなる[山本哲士、1996、p. 411]。

内田樹は『下流志向』の中で教育における消費者イデオロギーの蔓延を指摘し、現在では広く国家の株式会社化を指摘している。

> 改憲による政体の根本的な改革のめざす方向は「日本のシンガポール化」であり、さらに言えば「国民国家の株式会社化」である。つまり、「経済発展」を唯一単独の国是とする国家体制への改組である。すべての社会システムは経済発展を利するか否かによってその適否を判定される。経済発展に利するところのない制度（おもに弱者救済のための諸制度）は廃絶される。　　　[内田、2013]

この文章は、特定秘密保護法の文脈で持ち出されているが、私はこのセンテンスを教育の文脈においても当てはめることができると

考えている。

　それは下からの身体に染み込んだ消費者イデオロギーだけでなく、上からの学校教育制度そのものも株式会社化されつつある、経済合理性の追求のみによって編成されつつある、ということである。

　その学校制度において教員に求められるのは次のような役割である。これは、一部の株式会社立の予備校が行っていることとなんら変わりがない。

　教員は、お客様(親)から大事な商品(子供)を預かり、商品を画一化し、品質保証をして付加価値をつけることが目指される。そのことにより客から対価を得て、産業社会に送り出すという一連の工業的生産としての役割である。

　そのため客が商品の出来不出来について文句をつけるのは当然であるから社会にはクレーマーの怒号が飛び交い、客は同じだけの金額を払っているのであるから労働者はそれに忖度し不合理な形式的な平等主義が蔓延るのである。

　その形式性は教員採用試験に端的に現れる。

　それは応募者の資質として、その人の教育観や知的好奇心を見ようとはしていない。採用者が見ている"教育観"とは、神話化・特権化された学校教育の幻想の壊さないような教育観なのである。

　幾つかの私立高校の採用試験形式は、一コマだけの授業の構想を形式的な枠組みにそって事前に作り、その一部を採用者の前で実際に授業をし、その後それについての質疑をするというものである。

　私は、そのような予備校的で官僚的な構成員となることはできない。そうなろうかと考えたこともあるが、それは私には不可能であった。官僚性を志向する私とは、それは形容矛盾であり、それはもう既に私ではない。

事前に模擬授業の指導案を用意し、その通りに話す。

話術に巧みな人は、あたかもその場で考えているかのようにして原稿通りに話すことができる。

しかし、私はそれができない。ことばが身体から発せられて、ことばが生成的であるとき、人は流暢には喋ることはできない。その場から生まれてくる、生成的なことばで語ろうとすればするほど、人はことばをつまらせがちになるからである。私は、授業そのもの、授業を行うこと、授業において話すことそのものが、私自身にとっての教育となるべきだと考えているからである。

つまり一般に、教師にとって授業において話すことそのものが、その教師にとっての教育となるべきだと考えているからである。

つまり、平等主義的形式性を貫徹することは、教師の自己教育の機会を損なう。

それは、教育の死を意味する。

官僚主義的な学校は、本来的な、あるべき学校ではない。

官僚主義的な教育は、本来的な、あるべき教育ではない。

その理由は官僚主義的な人間は、他者の知性を信頼しない。相手の知性に信頼をおいた対話ができないからである。

官僚的組織の一番の問題はなにか。

それは組織の自浄作用が失われることである。官僚制のその定義からして逸脱を許さない。官僚制は逸脱者を排除する本来的構造を持っている。

官僚主義者は全体を見ようとする者を抑圧し、部分を徹底することを強いる。

官僚主義者は、神秘的な全体より部分を称揚する。全体への理解は、部分的理解の集積によってなされる。しかるに部分に注力する

べきだ、と官僚主義者は主張する。

　自由主義者は、些末な部分より全体を称揚する。部分の理解は、全体への志向によってなされうる。しかるに全体性、神秘性への志向に注力するべきだ、と自由主義者は主張する。

　学習における理解については、どちらも正しい。全体を理解するための部分の理解が必要であり、部分の理解のためには全体の文脈を参照する必要があるという解釈学的循環の両輪が必要である。

　その意味では、官僚主義者も自由主義者も対等である。

　しかし、決定的な点で非対称的である。

　それは、官僚主義者は排除的である一方、自由主義者は包摂を志向するという点である。

　その意味で、官僚主義者と自由主義者は相容れない。

　官僚主義者は包摂的な自由主義者を排除しようとする。その起源は邪悪なる父である。

　自由主義者は排他的な官僚主義者さえをも包摂しようとする。その起源は聖なる父である。

　ここに精神分析の文脈における自己批判と自己欺瞞の問題が表出する。

　残念ながら現在の日本の学校には、自由主義者の入る余地が残っていないと考えている。

　近代学校教育が成立した当初の目的の一つは、マルクスの『資本論』よろしく、親や資本家による搾取から子供たちを守るアジール(避難所)としての役割であった。日本においては明治以来、殖産興業・富国強兵のための工場労働者や兵士の育成のために近代学校教育の普及がなされてきた。

　現在の学校は、学校化された産業社会のメンバーの養成機関にしかすぎなくなってしまっている。しかし、本来あるべき学校は、そ

れだけであってはならない。

　近代化の一つの達成は学校教育の普及であるが、学校教育の普及とそれによって再生産される社会の学校化というポスト・モダン期における新たなる社会的現象は、私にとってはグロテスクで悪夢のような光景にしか見えない。

　つまり、ミシェル・フーコーが『監視と処罰：監獄の誕生』で提示した近代的権力が、現在の日本の学校においてまさに体現されてしまっているのである。

　一望監視装置（パノプティコン）によって自分が見られているかもしれないこという意識をその空間にいる人々に植え付け、自己束縛に導くという醜悪な環境管理型権力が体現されてしまっているのであると考える。

　既に自由な主体にいかに規律（ディシプリン）を叩き込むのかということを考えれば、近代的権力を実現するためのパノプティコンとしての監獄＝学校は、理想的な姿であろう。しかし、学校以外の文脈で十分に規律が行き渡っている（日本）社会においては、規律の徹底による（例えば官僚制の）逆機能こそが問題であるのに、規律の徹底はそれを強化するのみである。

　社会の学校化がこれほどまでに進展してしまった現在では、社会の学校化を止めることは不可能であり、不可避である。つまり、社会とは学校化されたものであるという前提のもとに、未来の解決案を探らなければならないと考えている。

　また日本の学校教育についての行政制度は、根本的に変化しうるか？　つまり、未来の日本の、ありうる学校教育制度とはいかなるものであろうか？

私は、少なくとも次の30年では、行政制度としての学校教育は大きくは変わりえないであろう。つまり、大多数の子どもは、学校、つまり一条校(か、そのときのそれに当たるもの)に通うことは変わり得ない、そう考えている。

　では、その大多数ではない少数の子どもが通う「学校」は、どのようなオルタナティブであるのか？

　それは、現在の日本でも、サドベリー・スクールといったフリースクールのように様々な試みがなされている。

　官僚主義者や神秘的でない合理主義者、リアリストといった人々に対しては私は、林が述べている次のような言葉を告げるのみである。

> 　さて、突拍子もないようだが、この文章を書いているうちに、いわば途中で出てきたライトモチーフのように、心の底で徐々につぶやき出してだんだん大きくなってきた言葉をここに明るみに出すことを許していただきたいと思う。それは、馬鹿につける薬はない、という陳腐な言葉である。馬鹿は結局、馬鹿なことしかしでかさない。迷惑するのは良識ある人々である。ここに言う馬鹿がだれのことを指しているかは、諸君の判断にお任せして、私からは言わないことにしておく。　　　　[林、1976、p. 136-137]

定型性の重要性

　創造性とは非定型的である。これは創造性の定義そのものである。非定型的なことを達成するには、定型性の徹底のみしかありえない。この背理への気付きこそが、創造性への第一歩である。

　この「定型性の重要性」という文章の論理構造そのものが定型的であることは、スポーツや武道での型の習熟を挙げるまでもなく、当然のことであろう。

学校化

イリイチの「脱学校化」「学校化」「隠されたカリキュラム」といったことばは、明確な概念既定がないという批判がある[イリイチ、1979、p. 207]。本節において、私はこれらの概念を明確にしたいという意図がある。

「学校は○○という学問を教えるのではなく、○○を学ぶことによって、その科目以外の何か——人間的な成長に必要な何か——を教えるのだ」という倒錯的な主張が現在の日本の学校や、教育に関する学会で頻繁に口にされる。私は「学校の学校化」という言葉を、この主張が学校においてなされてしまう状態という意味で使う。

学問としての教科内容それ自体を教えること以外の、「徳育」のためのありとあらゆること(という倒錯)を実現するために用意され、必ずしも明文化されないカリキュラムを、「隠れたカリキュラム」と呼ぶ。

つまり、学校が学校化されるということは、「真理を追い求め、結果的に人間的に成長できるような場」ではなく、「真理への探求が置き去りにされ、生徒への人格的訓育のためのみの場」となることである。

学校が学校化されると、学校は官僚主義に陥る。また、イリイチの意味で社会が学校化されると、社会のありとあらゆる領域が官僚主義に陥る。

官僚主義的な組織とは、小さな官僚が小さな官僚を養成する組織のことをいう。

小さな官僚は、自分よりさらに小さい官僚のみを見い出し、育て、自分より大きい(と自身が考える)人を組織から排除(しようと)する。そのように、自分より優秀な人、自分より優秀かもしれない人を引き上げることができない人を、小さな官僚と私は呼んでいる。

官僚主義的な集団は、必然的に没落する。それは、日本においては20世紀の企業組織についても同様の言及がなされている。

しかし、喜びたまえ、諸君。

　そのような暗黒時代は終わった。

　というのは、暗黒時代の前提のすべてが破綻してしまったからである。

　社員を組織的にバカ化してきた企業はいまや潰れてしまったか潰れかけているからだ。考えればすぐ分かる。

　最初に「社員はバカ化したほうが経営効率がいい」と考えた経営者は「知恵者」である。しかし、そうやって「バカ化」された社員はバカであるから、そいつが経営者になったときに、会社は先代の「知恵者」がしていたほどに効率的には経営されない。

　「バカ上司」が「自分よりさらにバカ」な部下を選別するということが数代続けば、当該企業は、「上から下まで全部バカ、下に行くほどどんどんバカ」状態になることは火を見るより明らかである。

　そのような企業が潰れるのは歴史の鉄則、神の見えざる手というものである。　　　　　　　　　　　　　　[内田、2011、pp.131-132]

小さな官僚は、教育とは情報の伝達であると考えている。

　情報を受け取る側は、発信元が既に持っている情報量以上の情報を持ち得ない。もし、そのような情報を持っているとすると、それはつまり、受け手が新しい情報を勝手に創造したことにほかならない。情報とはそういうものである。

　教師が持っている以上の情報を教え子が持つということは、神秘的でない小さな官僚にとっては「教育」の失敗を意味する。

　教育とは情報の伝達ではない。

　もし教育が情報の伝達のみであるとすれば、つまり、教師たちの世代が持つ知以上の知を新たな世代がもちえないのであれば、それは必然的に人類の没落が結論される。しかし現在まで、人類は生き

延びてきた。それはつまり、教育とは本質的に、教師が知っていること以上に教え子は知りうるのである。

　人格的訓育が、軍隊における訓育や抑圧的効果のための暴力と親和的である以上、特に戦前の日本軍との対比で戦後の学校教育について語られることは、残念ながら極めて自然である[古賀、2014、pp. 89-90]。日本軍が過去にそうであったように、教育における人格陶冶と官僚主義は極めて密接に関連している。

　なぜ、人類は今ままで「知識」や「知性」を、知と呼ばれる何かしらの文化を、学ぶ場としての学校や教育に求め続けたのだろうか？つまり、なぜ、人種や文化にかかわらず、人類は学校を知ではない何かを求めるような場とし続けてこなかったのであろうか？
　それは、真理を探求するべき学校が、容易に学校化してしまうからであろう。
　本節の最後に少々長いが、古賀の文章を引用する。これは私が本論文全体として言わんとすることと非常に似通っているからである。

> 　おそらく教育とは教えられるものと教える者の両者が、狭小なエゴから離脱することを互いに助け合い、他者と普遍的に開かれていくエロス的経験として定義できる。それは、真理への、より開かれた何かへの、より魅力的で価値あるものへの憧れを動機としている。教育はソクラテスがそうであったように、教える者自身が、その教える行為を通じて自ら「知者」の立場を相対化し、「何も知らない者」として、自分の枠組みから離脱していく自己解放の経験でもある。そして教えられる者は、教師自身が現状の自我から離脱してゆくありかたに接して共振し、また自らも自己の枠組みから離脱しゆくスリルを体験する。教師自身がつねになにか

の意味で探求者でなければならない必然性はここにある。こうした相互のいわば「枠組み外し」の過程が続くかぎり、その過程は暴力から免れるだろう。

　こうした教育の理念を古典的なしかたで定義したのはむろん『国家』におけるプラトンである。プラトンは「教育と無教育」という問題を論じるにあたって、有名な「洞窟の比喩」を語る。「人間たちはこの住いのなかで、子どものときからずっと手足も首も縛られたままでいる」、そうした「囚人」である。囚人たちは、実在物（存在）の真の姿を見ていると思い込んでいるが、それは自分自身が呪縛されているからであって、実のところひとが見ているのは洞窟の壁に映った映像にほかならない。暗いところで影絵を見るのに慣れてしまった目は、洞窟の外の明るいところに急に出て行くと明るすぎて何も見ることができないので、すこしずつ光に慣らしていく必要がある。光に導かれ、暗い幻影から明るい外界に出て行く手続き、これがプラトンによれば対話法である。ひとは一人ではその呪縛を解くことはできず、他者との対話を通じてお互いの枠を外していく必要がある。このプロセスこそが真理へと開かれていく過程＝哲学であり、教育である。

　これに対し教育が病理となるのは、プラトンによれば、幻影を見る枠組みが根底において固定され、その枠組みのたんなる修得が強制される場合である。ソクラテスに批判された限りのソフィストの姿、つまり知識を得る過程において既存の知的枠組みから自己を解放するのではなく、むしろその枠組みを他者の承認（評判）を得る道具として利用するというあり方がそれである。そうした「知識」は、自己を解放するものではなく、他者や自然を操作する手段として機能する。教育が成績評価とむすびつくとき、評価者の視線によって自我は枠組みに固定され、特定の評価軸に即した自我の拡張として「教育」は機能する。より多くを知るこ

と、より多くができること、その競争に勝ち抜くこと、これが「教育」の達成目標となる。目的なき合目的性としてのエロス的過程、有機的な生命原理に導かれる道行きは、機械的な目的合理性に変質する。そのとき「枠組み」は外されるのではなく強化されるのであり、プラトンによればこうした事態は洞窟のうちに人々を固縛したままその人々に大量の影絵を注入するにすぎない「無教育」ということになるだろう。

　ソクラテス＝プラトンは、今日に至るまで通用する教育の古典的定義をほぼ完全な形で与えたということができる。だがこうした定義にはなお留保が必要である。「教育」の側から「無教育」を否定してことが済むのであれば、なにゆえに「無教育」が教育のうちに蔓延るのか。なぜ「教育」はその純粋な形で制度化され成就しえないのか。そうした事態が生じるのは、「教育」と「無教育」との二分法が成立せず、前者がそのうちにすでに後者をなんらかのかたちで含みこんでいるからではないのか。対話のうちで「枠組み」を外すのは、外される者にとっては確かに「否定」である。自分のこれまでの枠組みが相対化されるとき、それまでの自分は「否定」される。教育の建前とは、この否定が同時により大きな次元の肯定のうちに回収され転化するというものである。そうであるかぎり否定の抑圧と痛みは解放の歓びに変わるだろう。だがそうはならない。われわれはここで、いうなればヘーゲルの問題に直面している。現実の複数の人間のうちで交わされる対話においては、その対話の進行とともに主題となる事柄のありようが変化する。見方が変わればあり方も変わるからである。対話が深まるにつれて事柄の相貌もまた深まり、その真理を発現していく。それを事柄の方からみれば、事柄それ自体がその否定を通じてその真理をあらわにしていくように見えるだろう。こうした運動のありようを事柄そのものの弁証法と呼ぶことができるだろう。ヘーゲ

ルにおいて事柄そのものの弁証法は、ある無内容で抽象的な事柄が、その否定を通じて具体的内容を獲得し、しかもより普遍的で高次な事象へと自らを高めていく有機的な体系として構築された。

　実際の対話における弁証法も、事柄そのものの弁証法も、否定はより高次の肯定のうちに回収されることを前提としている。だがこうした回収は自明とはいえない。もしこの回収が不完全に終わらざるをえず、回収されない否定された残余が残るとするならば、肯定への回収は虚偽の要素を含むことになる。それは端的に肯定なき否定であり、解放にはなりえない。そのとき解放は、数ある道のなかから一つを強制されること、誘導されること、示唆されること、期待され、その方向性に従う普遍化・全体化のみが真理への道だとそのつどすでに規定されているように、人間同士の枠組み外しの旅もまた、その外した先の道行きが先取りされ、事前に誘導されていないという保証はどこにもない。もしそうだとするならば、眼前の枠組みを外せば外すほど別次元の枠組みを強化することにつながるだろう。だとすれば、教育は無内容を自分から截然と切り離すことができず、無教育の影にすでに侵食されているというほかない。

　ここまで考えてみれば、ソクラテスのように道ばたで自由に対話することと、学校教育においてカリキュラムを課すこととのあいだには程度の違いはあっても本質的な差異は存在しないといえる。どちらも強制や誘導とともに解放の可能性を保持している。とりわけ学校教育が国策の一部として、アルチュセールがいうところのイデオロギー装置としてまずもって存在しているとすれば、現実の学校教育において知識の手段化、つまり「無教育」を全否定することは元から無理な話である。だとすれば、手段としての知を教えこむ教育機構のなかにあって、むしろその力を旨く利用して、それとは異なる自己解放の実践をいかに埋め込み、それを

活性化させうるかに学校教師の可能性は懸かっているといえよう。この両義性に耐えることに学校教師としての可能性があるとするならば、そこにおいて欠くことができないのは、教育とイデオロギーの両義性と共犯性を少なくとも自覚することのはずである。病理は、教育がイデオロギーとの共犯性を密かに予感しながらもそれを抑圧し、否認することから生じる。　　　　　[古賀、2014、pp. 95-99]

理解と身体性の同期

　私は、「人が何かを理解するということ、人が何かを知るということは他者と身体性を同期させることであり、自己に他者性を持つ状態になることである」という仮説を持っている。

　自己内に他者性を持つようになることが理解であるということは、おそらく過去にいくらでも言及されているであろうから、ここでは、他者との身体性の同期について記述したい。

　教育における身体性については、竹内敏晴の『ことばがひらかれるとき』『教師のためのからだとことば考』や内田樹の身体論が参考になるであろう。

　身体は、個別的である。
　身体は、前言語的である。
　教育における身体性を論じるときの困難点はここにある。

　西洋医学は、ヒトの身体の個別性を排除し、解剖学的に同一の構造である、との仮定のもと研究されてきたし、現在もそのように研究されている。西洋医学はあくまで、心と身体という二分法の下で身体を唯物論的システムとしかみなさない。そのような仮定のもとで研究されている。

　私が改めて言及するまでもなく、その仮定を前提として、西洋医学は目覚ましい発展を遂げた。

　しかし、私は、西洋医学的手法では捉えきれない何かがあると信じている。それはつまり（心身）二元論では解決できない要素がこの世界にはある、と信じている。二元論のどちらに属すると決定できないのが身体であると考えている。

　私は私自身の身体性を信じている。私は他者の存在を、他者の身体性の存在を信じている。その何かとは、例えばヒトの神経ネットワークといった唯物論的システムだけでは説明できないような何かである。

その何かを私は身体性と呼んでいる。身体性はその意味で個別的である。

　優秀な教師は(おそらく無自覚に)身体性を意識した教育を実践している、と私は私の身体的実感を通して理解している。
　その身体性が端的に現れるのが、その教師の発声である。
　声に出して伝える内容そのものはメッセージであるが、声の質——音量、抑揚、間、吃り、詰まり、言い間違い——というメタメッセージ事態もコミュニケーションの要素として重要であることは言うまでもないであろう。[竹内、2005]

　この論文自体も身体性を意識して書いている。
　今、あなたが読んでいるこの文章も身体的に理解しなければならない。もし、そうでない読み方がされるのであれば、本質的に、この文章で私が「伝えたいこと」は十全に伝わることはありえないであろう。
　あなたが読んだ「テクスト」は私の意図するところと異なったものになってしまうであろう。

　身体性とはなにか？
　身体性とは、脳で測りきれないものである。つまり、世界の、数値化・定量化・規格化・形式化できない何か、のことである。私の考える宗教性とは内なる他者としての身体性の存在を信じることができるということである。これは、確かに人間の宗教性の一側面を衝いているであろう。自身の、そして他者の身体性を一顧だにしない人のことを私は、官僚主義者と呼んでいる。

部分と全体

　私はあるとき、模擬授業における典型的な教案を作ろうと試みた。しかし、私が日頃学校教育について抱いている疑問の一つが、一コマについての教案作成能力が求められているということにあるため、作ることができなかった。

　私はイヴァン・イリイチによる『脱学校の社会』の影響を強く受けている。

　イリイチは単純な学校不要論を唱えたわけではなく、価値の制度化ということを主張した。これは、本来の教育的価値は制度とは別にありうるはずなのだが、価値の制度化が起こるということは「制度に従うことが本来の教育的価値を達成することだ」という倒錯に陥ってしまうということである。

　以前にも指摘されたことであるが、模擬授業において「50分という一コマの中で話を完結させないと生徒は聞く耳を持たないので、一コマで完結させるような授業を展開する能力」を求められている、と考えている。このことは、価値の制度化の一つの例になっていると考えている。

　残念ながら、私はそのような一話で完結させる巧みな話術や授業展開をできる人間ではない。

　もし学校教師として働くのであれば非常勤講師であったとしても、教える期間は最低でも一年間はある。継続されれば、数年数十年にわたる。

　50分という短い授業時間で一つの教訓を得られなくても、一年間はあれば生徒は何かしらの教訓は持ちうると考えている。50分という短い授業時間で何も理解できなくても、例えば4月初めから中間テスト(5月半ば程度)までの十数回の授業で扱う項目が理解できれば充分であると考えている。

結果的に、逆説的であるが、高等学校において、数学そのものを教えることこそが、高校卒業した後も含めて長期的に見て有用なことを教えることこそが、大学入試合格も含めた高等学校教育の最善なのであると考えている。

　私は、教育の現場で働いている先生方の非難をするつもりは、決してない。逆である。
　学校を構成するのは人である。制度がどのようなものであれ、学校は教師次第でいかようにもなると考えている。
　今の学校教育制度について教育委員会制度改革をはじめ、様々な教育改革がなされている。しかし、その制度としての改革は、どれも裏目の結果を得るようなものにしか私には見えない。
　しかし、どのような教育制度であろうとも、最後には、教育が行われるその場にいる教師自身に依るところが大きい。
　私は、(何が真っ当かは今でもわからないが、) 真っ当な教師でありたい。
　以下は、一コマの授業の展開ではなく、中学、高校、果ては大学以降も視野に入れての三角比の授業の展開を示す。

　三角比を教えるにあたって、三角比は数学におけるその他の分野とも深く関わっており、そのそれぞれについての位置付けを意識しながら授業を行いたいと考えている。
　その関連する分野の一部は
　　　・三角関数
　　　・三平方の定理
　　　・図形と方程式
　　　・集合と論理
が挙げられる。

三角比における *sine*、*cosine*、*tangent* は、三角関数の(定義域が制限されたものという意味で)一部分である。関数は、中学校一、二年生で学習しているが、その本質が理解できているとは限らないので、これも時間を使い過ぎないように注意しながら適宜復習しながら、授業を進めてゆく。

　より一般的である三角関数の一部として教える必要があるというのは、生徒の三角比を学ぶことによって、三角比は何をやっているのか、三角比で何をやりたいのか、三角比がわかって何を私は知り得たのかが「わからない」という疑問を解決するための一助になりうると考えている。

　もちろん、三角比を学ぶすべての生徒が(三角関数という)一般性をもって理解できるわけではない。しかし、教師自身がその一般性を充分に把握し、(三角比という)分野の特殊性に気を配るべきである。

　それは、生徒が当然抱くであろう「なぜ三角比は、0°から180°に限定して考えるのか」という疑問に答えられないからだ。

　このようなことを現在の日本の採用試験で述べたのならば、当然不合格になるのであろう。

第三部

オウム真理教信者と自然科学に対する失望

　科学や数学への期待が、科学的実在論や数学的実在論といった形で社会に現れる。これは、典型的でありふれたことばで言えば、科学万能主義(への妄信)といってもいいであろう。

　哲学者の森岡正博は著書『宗教なき時代を生きるために』において、まさにそのことを指摘している。

　つまり、数学を含めたサイエンスへの期待が裏切られた結果として新興宗教を含めた宗教団体に入信するということ、つまり、ある種のオウム真理教信者たちの科学への失望からオウム真理教へ入信した心情を的確に描いている。それは彼らを外から傍観的に分析しているのでなく、以下のように森岡自身が彼らの反社会性に同意しているのではなく、村井たちの宗教性と自身の宗教性を「分かつものはほとんど見いだせない」のであると述べているように、彼らに対して切迫して共感しているのである。

　…村井（秀夫）氏が私と同い年だということが、とても強くひっかかったからである。それだけではない。かれは大学で宇宙物理学を専攻していたと言うではないか。それから、オウムに転向したという。この事実は、私にとってはきつかった。(中略)

　それらの（地下鉄サリン事件を受けて科学教育を徹底せよという）声を聞いて、私は、ああ、とため息をつく。どうして科学者の卵が新々宗教に走るのか、私には分かりすぎるくらいに分かる。そして、「その理由がわからない。もっと科学教育を徹底しろ」などといっている、あなた、あなたのような人がいるおかげで、彼らは新々宗教に走るのですよ、と声を大にして言いたい。(中略)

　高橋（英利）氏もまた、宇宙論をやってこの宇宙のことを科学的に調べていっても、なぜこの私がこの宇宙に生まれたのかはけっして分からないということを、日頃から自問していた。(中略)

自分がいまやっている科学は、人生の問題、存在の問題には答えを出してくれない。そういう悩みを抱えている科学者の前に、「人間とは何か」「生死とは何か」「存在とは何か」を断定的にそれも簡潔に説いてくれる宗教があらわれたとき、その人間がそういう宗教に惹かれていってしまうのは容易に想像できるはずだ。悩める科学者は、宗教の世界、精神世界にジャンプしやすい。（中略）
　科学者から精神世界への転身。
　それは、この私自身のかかえる問題でもある。
　私も科学者になることをめざして大学に入学した。そして高橋氏が直面したのと同じような問題を抱え込み、打ちひしがれ、そのあげくに進路を変更して精神世界の探求に入っていった。私の場合は、理科系（理科Ⅰ類）から文学部倫理学研究室というところに移ったのだが、その移り先が、当時学内で活躍していた某新々宗教であっても、はたまたオウム神仙の会であっても不思議ではなかったと思う。文学部に転部しても、大学にはほとんど行っていなかったのだから、その可能性は十分にあった。
　引用した高橋英利氏の自分史を読んでいて、彼と私を分かつものは、ほとんど見いだせない。なにかの巡り合わせが狂えば、私のオウム真理教の幹部になっていたかもしれない、と本気で思うことがある。自己と教祖のあいだで身動きがとれなくなって、おそらくは脱会していたと思うが、ひょっとするとサリン生成に立ち会っていたかも。教団幹部や、科学技術省の研究者に私と同世代が多いということにもけっこうリアリティがある。
　私もオウム真理教に入っていたかもしれない。この感覚が、今回の事件を見るときの私の基本的なスタンスである。そして、人々がそのような道を選ばなくて済むような、何か別の選択肢が必要なのではないか。そういうふうに、考えていきたいのだ。

[森岡、1996、pp. 18-22、カッコ内は引用者による]

森岡がこの著書において言及しているようなオウム真理教信者たちに対する森岡の心情に、私は強い共感を覚える。それはつまり、森岡は大学入学の時点では科学を志していたが、その後科学への期待を維持することができず哲学や倫理学を専攻した。一方、私は、数学を志向し数学への期待が裏切られることを確かめるために大学では数学を専攻した。その点において異なるが、実存においての科学への期待をしていたにもかかわらず結果的に失望したという点では、何も変わらない。

　本論文が科学や数学を希求する個人の実存を論点にしている以上、森岡も自身のことについて言及しているのと同様の理由で、私の過去の体験を語らないわけにいかない。
　ここで述べていることは、ひいては本論文全体にわたって主体性の問題——社会学の用語で言えば再帰性の問題——が必然的に関わってくるからである。
　しかし、個人的体験を通して科学、教育、宗教について論じたとしても、語る個人の実存というバイアスを読者が認識し、その体験の偏り（からくる語りての持つバイアス）をある程度差し引くことによって、またそれによってのみ、ある種の普遍性・妥当性を獲得できうるのであると私は考える。この点は私の独創ではなく、宮台が『学校的日常を生き抜け』のまえがきにおいて指摘していることを敷衍したまでのことである [宮台・藤井、1998、pp.8-9]。
　ある人は"オウム"にのめり込み、他のある人はのめり込まないということの境界線、又はある人はこの世から離脱し、ある人は生き長らえることの境界線の線引きはどこにあるのか、その問いは森岡『宗教なき時代を生きるために』や宮台の『美しき少年の理由なき自殺』や『サイファ覚醒せよ』、『絶望　断念　福音　映画』などですでに

論じられようとしている。しかし、その答えは容易には得られないであろう。

　私が論じている数学・教育・宗教についての結節点となるであろう私自身の体験を二つ紹介する。

円分多項式

一つの体験は、高校一年生のときのことである。

これは、私の通う高校の数学教師から出題された問題を考えていたときの数学的体験である。

そのときの考察対象は"円分多項式" $x^N - 1$ の実における既約性、——つまり実数係数の範囲での因数分解の可能性——であった。（円分方程式は通常「すべての1の原始N乗根のみを根に持つような多項式」として定義されるが、ここでは"円分多項式"をあえて、$x^N - 1$ と定義して考えている。補遺を参照。）

そのときの前提知識は、せいぜい高校一二年の教科書に載っている多項式の因数分解、因数定理、複素数と複素数平面について簡単に知っていた程度である。

数学的事実としては、$x^N - 1$ の根は、

$$\zeta = \cos\frac{2\pi}{N} + i\sin\frac{2\pi}{N}$$

として、

$$\{\zeta^0, \zeta^1, \zeta^2, \ldots, \zeta^{N-1}\}$$

という N 個の複素数根を持ち、これは剰余群 $\mathbb{Z}/N\mathbb{Z}$ と同型であり、巡回群である。ド・モルガンの法則より、どの根も ζ^n の形で表され、複素数平面の単位円周上に等間隔に並ぶ。

では、この剰余群はいかなる条件のもとで、それ自体が既約剰余類群になるのか。つまり、いかなる条件のもとで、1以外のすべての元が生成元となりうるのか。そのような疑問を、それらの単語は知らずとも、16歳の私は次のように考えていた。

$n \geqq 2$に対し

$$f_n(x) = x^{n-1} + x^{n-2} + \cdots + x + 1 = \sum_{k=0}^{n-1} x^k$$

とする。つまり、

$$\begin{align}f_2(x) &= x+1 \\ f_3(x) &= x^2+x+1 \\ f_4(x) &= x^3+x^2+x+1 \\ f_5(x) &= x^4+x^3+x^2+x+1 \\ f_6(x) &= x^5+x^4+x^3+x^2+x+1 \\ f_7(x) &= x^6+x^5+x^4+x^3+x^2+x+1 \\ f_8(x) &= x^7+x^6+x^5+x^4+x^3+x^2+x+1 \\ f_9(x) &= x^8+x^7+x^6+x^5+x^4+x^3+x^2+x+1 \\ f_{10}(x) &= x^9+x^8+x^7+x^6+x^5+x^4+x^3+x^2+x+1 \\ f_{11}(x) &= x^{10}+x^9+x^8+x^7+x^6+x^5+x^4+x^3+x^2+x+1\end{align}$$

$$\vdots$$

とする。

これらは円分多項式の一部である。つまり、

$$(x-1)f_N(x) = x^N - 1$$

である。

例えば、これらに$f_2(x)$の根$x=-1$を代入すると、nが偶数の場合はゼロになる。つまり、

$f_2(-1) = f_4(-1) = f_6(-1) = f_8(-1) = f_{10}(-1) = \cdots = 0$

である。因数定理によりnが偶数の時、$f_n(x)$は$f_2(x) = x+1$で割り切れる。

次に、$f_3(x)$ の根 $x = \omega = \frac{-1+\sqrt{3}i}{2}$ を代入すると、
$$f_3(\omega) = f_6(\omega) = f_9(\omega) = \cdots = 0.$$
故に $f_n(x)$ は n が3の倍数のとき $f_3(x) = x^2 + x + 1$ で割り切れる。

また同様に、$f_4(x)$ の根 $x = i$(虚数単位)を代入すると、
$$f_4(i) = f_8(i) = f_{12}(i) = \cdots = 0.$$
ゆえ、n が4の倍数のとき、$f_n(x)$ は $f_4(x) = x^3 + x^2 + x + 1$ で割り切れる。

以下、無限に続く。

このことから、「n が素数のとき、$f_n(x)$ は実で既約であること」が予想される。

実際、「$f_n(x)$ は実で既約であること」と「n が素数であること」の同値性は、本来の円分多項式の次数を考察すれば、これは当然である。

上記の推察によって、p が素数のとき、加法群としての剰余群 $\mathbb{Z}/(p-1)\mathbb{Z}$ と乗法群としての既約剰余類 $(\mathbb{Z}/p\mathbb{Z})^{\times}$ の深い関連があるであろうことを体感でき、かつ実際にそれらは群として同型である。

このように高校生の知識でも、数論の初歩の事実（への気づき）にまで到達が可能である。

この節や次の節で議論している数学的事実としては、そこにあるのは大学学部課程の教科書に載っている事実でしかない。しかし、私が主張したいのはその数学的事実そのものではなく、あとになってみれば教科書に記載されているただの事実が、私にはとても崇高な真理に思えたということを主張したいのである。

このあたりの正確な数学的知識は[高木、1971]、[山本芳彦、1996]、

[青木、2012]を、剰余群や既約剰余群の体感としての理解について、その実践例は[小池、2011]に示されているであろう。

ガンマ関数・数学的天才性

　このようにその人にとって未知なる領域における思考は推理さえできれば誰にでも起こりうる。同様に未知領域における思考は他にもある。

　数学科の大学学部課程において、ガンマ関数
$$\Gamma(z) = \int_0^\infty t^{z-1}e^t dt$$
は、リーマンゼータ関数と同様に必ず出会う数学的対象である。

　これは高校までの数学からの延長として考えると、高校生が習う階乗関数、$n! : \mathbb{N} \to \mathbb{N}$の自然な拡張である。つまり、実関数としてのガンマ関数は$\mathbb{R}_{>0}$から$\mathbb{R}_{>0}$への写像であるが、定義域を自然数に制限すると、

　$\Gamma(n+1) : \mathbb{N} \to \mathbb{N}; n \mapsto n!$となり、これは階乗関数に一致するという意味で、階乗関数の拡張である。

　では、ガンマ関数以外に、階乗関数を拡張した$\mathbb{R}$から$\mathbb{R}$への関数は存在するのであろうか。もしくは。$\mathbb{C}$から$\mathbb{C}$への関数は存在するのであろうか。存在するとしたらどのような条件のもとで存在し、またそれはどのように表される関数なのであろうか。その関数の振る舞いは、ガンマ関数とどのように違うのであろうか。これが、私がガンマ関数を初めて知った時の疑問である。

　数学的事実を先に述べれば、複素関数論を学べば、自然数上で定義されている階乗関数の定義域を複素数までに広げた解析関数は、ガンマ関数が一意に定まる、ということを知ることができる。また、不連続でない関数に拡張することも可能であるが、それが存在すること自体は有用かもしれないが、とても考察に耐えうるものではない。

　当時はその疑問について、直接的にそれを確かめる数学的な事実

を知ろうとしたのではなく、数学者がどのように考えているのかということを考察していた。

つまり、数学者はガンマ関数の一意性についてどのように考えているのか、つまりその点について疑問を持っているのかどうか。その疑問を解決しうるだけの数学的知識を持っているのかどうか。そのもとで、大学学部課程のカリキュラムを如何にして構築しているのであろうか、ということを考えていた。

それに対する自分自身で導き出した答えは次のようなものである。

この疑問に対して、その身体的レベルの深さの自信を持って、厳密に、正確に答えられる数学者は、かなり少ないであろうと考える。このことは答えられない大多数の数学者をけなしているのではない。そのような学部生が思いつくような単純な疑問であっても答えられない程に、現代の数学研究は肥大化・多様化・細分化してしまっている――が故に官僚化せざるを得ない側面がある――のである。つまり、そのような単純な疑問をきちんと数学的に解決するためには、多くの数学的知識が要求される。この疑問を解決するのでさえ、大学入学以降に十年どころではなく二十年ほどは数学を学ばなければ――もしくは天才的な直観によらなければ――、解決できないのではないかと私は想像するのである。これはガンマ関数についての疑問だけでなく、数学に関する多くの疑問――例えば普遍的な双対とはなにかという疑問――についても同様であろう。

また、多くの数学者はガンマ関数という道具が使えれば、使いさえすれば、研究をする上で研究対象がガンマ関数そのものやその周辺でない限り、何も問題がない。つまり、多数の小さな、しかし容易には答えられない疑問の解決を諦めなければ到底研究者はつとまらない。

つまり、「そういった細かい疑問は、いつかはわかるようになる」という予定調和的姿勢で学び続けなければ、到底山頂に達することができないほど、数学という学問の山は深く険しいのが、現代の数学なのである。

　またこの疑問は、数学を研究する上では無価値な疑問ではないか、とも私は考えている。

　それは、階乗関数の拡張としてガンマ関数以外の関数が存在したとしても、それはおそらく自然ではないであろうからである。それはつまり、リーマンゼータ関数をはじめ、現代数学のありとあらゆる箇所に、ガンマ関数は登場する。それは、数学研究がこの世界の数学的構造を捉えることを一つの目的とする以上、ガンマ関数を考察することは不可欠であり、当然でもあり、それは現代数学を理解している者にとってとても自然なことなのである。

　しかし、私にはこの自然さが全く、全くわからない。ありきたりなたとえであるが、映画『アマデウス』で描かれているように、モーツァルトの楽曲の美しさを理解できるにもかかわらずモーツァルトに比する才能を持っていないということを痛切に感じるサリエリのように、私にはガンマ関数の自然さを実感として理解することができない。

　つまり、大学学部課程においてガンマ関数を学ばせ、学ぶことは、数学全体の調和を考える以上、自然なのである。ただ、その調和を把握するためには、多年にわたる数学的研鑽が必要なのである。

　またこのことは、数学（全体の調和）を俯瞰した上で、（例えばガンマ関数のような）ある一つの数学的事実を教えなくてはならないということは教育にとって当然のことである。

　つまり、近代以降の大学・大学院における数学教育では、いつの時代でもどこの国でも母語がどのような言語であれ、どのような文化的背景があろうが、大学教養教育課程では微積分と線形代数の初

歩を教えるというように、世界で自然に共通している。

　それは上でも述べたように、数学という学問体系からの自然な要請からによるのである。

　しかし、数学の体系にとっての自然さと、人の認識や学習としての自然さは、多くの場面で相容れない。そのため、現代における数学の学習は予定調和的態度を取らざるをえない。現在の数学教育では、その前提を供給するための準備がなされ（ようとし）ているように見えない。

　その要請はもちろん、特に初等数学教育においては日常的文化と算数のつながりを出発点にしなければならないという点があるにしろ、その教えられる項目としては初等中等における数学教育カリキュラムの策定の必然性も帰結されるであろう。

　そのカリキュラムの必然性を覆そうとした画策が、1950、60年代頃の数学教育現代化運動であり、これは、——当然のことであるが——失敗に終わった。

　そもそも階乗関数ですら、有限個のモノの並び替えによって自然に得られる、自然数という無限集合上の関数である。それにもかかわらず、世の高校生は当然のように階乗関数を使っている。階乗関数は、日常的な対象物の順列・組み合わせから得られる抽象という意味で、多くの人にとって自然である。

　私は、その自然さなら理解することができる。

　しかし、もう一段の抽象——階乗関数の一つの抽象化としてのガンマ関数——については、その自然さを身体的なレベルで納得できない。その「納得」ができるかどうかを、私は才能と呼んでいる。

　つまり残念ながら私には、そのような抽象の自然さを直観できず、またそれを納得できるための必要な数学的知識を学ぶ動機付けが損なわれているという意味で数学的才能がない。私にとってこのこと

は非常に残念でならない。

　私は数学を学ぶ上で「そういった細かい疑問は、いつかはわかるようになる」という楽観的で予定調和的な姿勢をとることができない。つまり、堪え性のない人間なのである。
　数学について堪え性を持ち得ない理由は端的に、そのような姿勢では私は数学を学んで数学の神秘性を感じ得ないであろうからである。少なくとも私は神秘性を見いだせないであろうと思えてしまうからである。

私の2つめの宗教的体験

　もう一つの体験は、これもまた私が高校生のころの話である。

　今から振り返れば、高校生のころから大学入学時に学科を選択するときも、大学に入って数学を学んでいる時も、森岡が「物理学と『哲学』を混同していた」ように[森岡、1996、p.24]、私も数学と実存を追い求める「哲学」とを混同していた。それは、数学を学び、研究することに、数学以外の何か、何か神聖なものを求めていたということである。小学生以来、慣れ親しんできたパズルのような数学の問題を解くこと以上の何かを求めていたのである。つまり、宮台が『サイファ覚醒せよ』などで用いていることばで言えば、数学を知ることによって「端的な疑問」を解決できるのではないか、と期待していたのである。

　大学入試受験の際、学部学科を選択するとき私の純粋なる知的好奇心は、数学科か哲学科を選択せよ、と命じていた。哲学科に進学しなかった理由は単なる受験科目上の制約によって、希望する学力水準の大学の哲学科に合格できるだけの才能がなかっただけのことである。

　また、私は森岡とは逆に、高校時代に読んだ本の中で私の身体に非常に響いた本によれば、大学の哲学科においては、実存や「端的な疑問」——この本では、端的な問いとしての死——を追い求めることはできず、自然科学と同様に官僚的な学会の組織員としての研究しかできないということを思い知っていたからである。つまり、哲学科では、「哲学をする」ことはできずに、ただ単に神秘的でない「哲学研究」しかできないのである、と考えていたからである[中島、1997]。自然科学においても、「研究をする」ということが大学の、ひいては国家的官僚主義の一構成員としての官僚的研究を意味するのであろう[森岡、1996、pp.27-31]。

私は、数学は（森岡の言う）「哲学」ではないということを確かめるために、数学科に進学したと言うべきであろう。これは、事後的に了解したことである。すなわち、「数学は『哲学』ではないということ」を徹底的に理解するために、それを身体化するために数学を専攻するべきであると直観していた、というべきであろう。

　私が、数学と「哲学」を混同していた、否、数学を追い求めることで「哲学」を追求できると誤解できていた のは、高校生時代のある数学の授業において、強烈な宗教的体験が訪れたからである。

　それは、ガロア理論の講義であった。群・環・体などの代数的構造についての知識がなかった私は、苦心しながら、しかし同時に非常に興味深く、体の拡大について学んでいた。そこで講義は、$\mathbb{Q}(\sqrt{2})$や$\mathbb{Q}(\sqrt{3})$といった有理数体上二次体の共役についての話になった。高校生であっても、複素数体$\mathbb{C}$上の共役は既に知っている。つまり実数体$\mathbb{R}$に虚数単位を添加してできた体$\mathbb{R}(i)$は$\mathbb{R}$上で二次であり、複素数体上での共役の一般化として、二次体の共役を知ることは可能である。もちろんそのような言葉遣いを知らずとも、複素共役という既存の知識と、未知の知識である二次体上での共役との関連に考えを馳せることは可能である。（このような二次体に関する数学的知識は、[青木、2012]などを参照のこと。）

　私の覚束ない記憶によると、そこでの共役は具体的な二次体に対して定義していたと思う。しかし、私はこのときに、二次体の共役群が、単位元と、単位元と異なる自己同型写像のみからなるということを直観した。

　その直観の訪れは、非常に神秘的であった。その日の三時間の講義のうち、十数分ほどの間、強烈な知的興奮と涙が零れ落ちそうなほどの、それ以外にはなんとも形容しがたい多幸感が訪れた。私は、確かに、その瞬間を体験できたことで、数学のその美しさを垣間見

ることによって「この世に生まれてきてよかった」と心の底から思うことができたのである。それほどに神秘的で荘厳で美しく感じたのである。

まさに変性意識状態と呼べるであろうこの体験について、オウム真理教信者の脱洗脳を実践した苫米地は洗脳理論を解説した本において既に言及していたのであった。

> この瞑想によって想起された擬似空間と非常に似ているのが、数学や哲学の抽象世界である。一部の数学者は経験していると思うが、目の前に、触れることのできる臨場感を持って、数学の宇宙が広がっているように体感することがある。才能ある数学者はきわめて高度な抽象思考が可能となるのは、抽象空間をこのように体感できるからであろう。数学的定理の宇宙は、命題を解こうとしている数学者の目前に、はてしなくひろがっている。そこにたとえ虚数が漂っていたとしても、実際にその存在を感じることができる。このような数学者は、その思考空間の宇宙に行き、立体的な数式を組み換える作業をし、定理を発見していく。哲学者の目の前に広がる哲学の宇宙も、まったく同様である。ヨーガや密教の世界もこれと同じで、修行者は瞑想中、非常に高い抽象思考を観想していくなかで、暗闇に光がさしこんでくるような感覚に襲われる。やがてそれは立体的に、色や匂いをともなって空間全体を覆い、修行者は仮想世界へといざなわれることになる。
>
> 仮想的に体験できる高次元世界は、現実の物理世界より、はるかに次元が高いものに感じられる。LSDを体験したときのように、時間的歴史は混濁し、軸の入り乱れた多層的で連続なn次元空間が眼前にひろがっていく。リアリティあふれる立体感、匂いが感覚を征服し、さらには魂は次元の高い空間にひろがり浮上する。そこに到達した修行者は、恍惚とした快感が走り、巨大な知識体

系に一気になげこまれたような感激をおぼえる。これを俗に神秘体験と呼んでいる。これはヨーガやチベット密教に限ったことではなく、禅の瞑想や日本密教の観想、数学、哲学を徹底的に極めても、同様な体験が得られる。

　この現象は、変性意識と深く関わる脳神経回路レベルの悪戯ともいえる。しかし、悪戯にしても、それは本人にとって圧倒的なリアリティを持っているので、そのプロセスを科学的に説明しても、本人が体験を偽物だと認められない場合が多い。神秘体験そのものを否定することはできない。もちろん、脳神経回路レベルでそのような悪戯が起こるメカニズムの因果そのものは、科学者にとっても神秘的である。その意味で、ランナーズハイの状態で疾走しているマラソン選手に、「気持ちがいいのは、ただの脳内現象だ」と声をかけても、ゴールまで走ることをやめない心境と似ている。神秘体験とは、本人にとってそれほどすばらしい体験なのである。

　しかしその怖いところは、その体験があまりに神秘的かつ絶対的なものであるために、その出来事を際限なく求めつづけてしまうことだ。神秘体験の圧倒的な体感と感激は、普段は冷静な科学者さえ、一気にオカルト的方向に押しやってしまう場合がある。一度オカルト的なものの考え方を受け入れると、超自然的な説明さえもが説得力を持ってしまう。「グルがあなたのために導いてくれたんですよ」という説明が入れば、その体験で得られた快楽と等価値に匹敵する帰依を、誓ってしまう危険性がある。グルイズムの危険はまさしくこれである。　　　　　[苫米地、2000、pp.10-12]

私は、そのとき、数学的事実そのものももちろんであるが、同様にそれを説明している教師の偉大さも痛切に感じたのである。
　私が見ていた数学的事実は、単に「ある種の二次体の共役群が、単位元と、単位元と異なる自己同型写像のみからなる」ということ

である。これ自体には、この数学的事実そのものに神秘性が宿っているとは言えないであろう。同様にその教師は、誰にとっても神秘的に映るとは限らない。

ただ、私がそれらを神秘的であると思えたということは確かなる事実である。

つまり、学習者が学ぶその内容とそれを伝えようとする教師に対しての神秘性の訪れこそが、教育の本質である。

教育においては、その訪れを逃さないような条件を整備するべきであり、学習者以外のすべての外部者はその条件を整え(ようとす)ることしかできない。

私がこの体験を得たのは、高等学校ではなく、大学受験予備校であった。

その体験を得られたということは、紛れも無い事実であり喜ばしいことであったと考えるが、それが、本来の教育を担うべきである公教育学校ではなく、学問としての数学を追求する、私塾のような学校化とは無縁な予備校であったということが残念でならない。

公教育が、宗教性を確保できる環境を整えてさえすれば、(入試のテクニックを身につけるということ以外の目的としての) 予備校は本来はいらないはずである。

私が宗教的体験を得たその予備校は、現在、(おそらくは中等教育課程の) 学校教育法第一条による学校——教育関係者は「一条校」と呼ぶ——を設立したいと考えている、と聞く。

このことは極めて倒錯的な社会的現象に見える。これはその予備校を批判したいのではない。

学問を追求するべき一条校が学校化され、それが持ってしかるべき教育的機能を失い、学校の補完を担っている予備学校が本来的教育機能を果たし、そしてその予備学校が一条校を設立しようとしている、そのことがまさに倒錯的であると言いたいのである。

至極当然のことであるが、この倒錯的現象以前に、一条校こそを学校化から解放し、本来的な教育を行える空間にするべきであろう。

　良き教育を実現するためには、どのような条件整備が必要であるのか、またそれで十分であるのかは、私は今でもわからないが、少なくとも一つ言えることは、教育が宗教的であるためには、身体性を全く考慮しないということはありえないであろう。
　それは体験を得たその空間は静謐であったし、私がその宗教的体験を思い起こすために静かな環境のもとで身体の内なる声を聞き、それを書き下したからでもある。
　教育における宗教性を実現するために、身体性を確保するためには既存の宗教における、礼拝などの宗教的訪れを待つための制度的・非制度的条件整備が参考になるであろう。それにより、教育において無色の宗教性を実現しうるであろう。改めて強調するが、私は有色の、つまり既存の宗教を教育に持ち込むべきではないと考える。あくまで、教育は無色の宗教性、つまり無色の教育、無色の師弟関係を目指さなければならない。私はそのように考える。

自己欺瞞による実存の挫きの隠蔽

　本論文で提示した数学的実在論への反駁に対し、様々な反論がなされるであろう。想定されるある種の反論に対し再批判を行いたい。それは、ある種の批判の抑圧的動機を指摘することで、その批判自体の不毛さを示すものである。

　これは本論文に対するありとあらゆる具体的批判を封じるものではない。学問的方法に則った真っ当でディーセントな指摘は、儀礼的にではなく本当に喜んで受けたいと考える。

　学問をする上で、批判精神、とくに自己批判精神が枢要であることは論をまたない。

　これは苅谷剛彦[苅谷、1996]にかぎらず、枚挙にいとまがないほど多くの人が言及しているし、起源を探れば古くから言われ続けていることであろう。

　誰しも、われこそは批判精神を体現していると主張するであろう。

　私はそれを十分に承知している。そのため、私は一切の自己欺瞞に陥らずにものごとを正視しているとは主張しない。たとえ正視できていなかったとしても、本論文に対するある種の批判に対して懐疑的である。

　ここでいうある種の批判とはどういった批判なのであろうか。

　ある種の批判者の姿勢は、知（を持っていると想定される主体）に対するディーセンシーを欠いており、神秘性のかけらもないただの合理性のみに基づいた批判である。つまり、官僚主義的な批判である。

学問の専門化と学的盲点

　これは、ある学会に出席し、その懇親会での出来事である。

　その学会は、数学や物理学、広くは科学と人文学をつなぐ分野に

関わるものである。私自身の知的興味とも重なるため、興味をもって読んだ本の多くの著者が一同に会していた。

その中で、重鎮と言ってもよい哲学者と話すことができた。彼は哲学研究者でもあり、哲学者でもある。彼は大学で物理学を専攻し、その後哲学に移った人物である。私は彼の著書や訳書を読み、彼と数学者が対談した本が私の興味を特に惹いた。私の興味は論文や著作という接点だけでなく、興味を突き進めると彼の編集・監修などの仕事とも不思議なほど出会うのである。

そこで懇親会という好機に巡りあい、私は彼の面前で、彼の仕事の中でその対談本に感銘を受けた旨を伝えた。彼はそれに対し、当然のことであるが、初対面の一読者に対する丁寧な謝辞を述べた。

私は高校時代から依然として数学の哲学、科学の哲学に興味を持っていた。そのため、哲学書や哲学のなかでも、彼や学会の分野に近い多くの書物を素人ながらに読んできた。しかし一方で、大学で学ぶ　につれて、いかなる学問分野を研究する上でも狭小な専門分野に埋没し、その専門的手法を身につけなければならないという要請にも、懇親会に出席した当時、自覚しつつあった。

私は、このジレンマを彼に伝えた。

つまり私は、その対談本で論じられているような数学の哲学、科学の哲学に非常に興味があったが、哲学研究の専門的訓練は受けていない故に、哲学的問いを語れないのではないか、語って深めようとしてはいけないのではないかという懸念を彼に表明した。

その表明に対し、彼は押し黙ったのである。

私は、その対話がなされた当時、その沈黙を次のように理解していた。
「いかなる哲学的問いについても『哲学』について言及する上では、その専門的訓練は欠かせない。そのため外国語にも十分に習熟し、

大学院などで哲学を専攻し専門分野特有の研究方法を知らない限り、学会においての発言権や論文を発表する資格は事実上ないであろう。もしくはどのような形式であれ自身の思索を発表したとしても一顧だにされないであろう。」

しかし、その一方で、その沈黙はこのようにも取れるのではないかとも考えている。

「確かに現在の多くの学者がしているように、哲学研究を遂行するためには、専門的訓練は必須であろう。しかし、例えその訓練を受けていないにしても、対談本で取り上げているような（数学の）哲学に興味があるのであったら、それについて狭義の論文にならないとしても、思索を深め、語ることはできるだろう。」

先の沈黙に対するこの二つの解釈の揺れこそが、「近代学校教育批判」において示した、特に教育において顕著な近代的要請にもとづく必然的なジレンマである。

私は今現在となっては、彼は後者のつもりで沈黙しているのではないかと考えるようになっている。

その理由は明快である。

彼の他の著書を読む限り、自己目的化された「過去の偉大な哲学者の研究」のための研究ではなく、自身の実存的問いを解決せんがために、過去の文献を引き文章を書いているように私には思えるからである。私は本人に聞いたわけではないが、彼の著書を読む限りにおいて彼は自身がもつ基本的で実存にかかわる問いの答えを知りたいから、自身の持つ「端的な問い」を解決したいから、過去の様々な哲学書を読み、邦訳し、著作を書いているように見受けられるのである。そのような姿勢が貫徹されている学者を私は一流だと考える。

また、彼の信条が後者であったとしても、それを公の場で言うことができないという「大学という業界の実情」があるのではないか、

と考えている。その「実情」をさらけ出すことは、学問として哲学を研究することの学的盲点を指摘することに他ならないからである。

　一方、二流の学者は、学問を志した初期の動機はおそらくは純粋であったにもかかわらず、研究のための研究に陥ってしまっているのであろう。つまり「純粋に知りたいから過去の文献を研究する」という自然な動機ではなく、「純粋な興味より、職業として、学会で評価される良い論文が書けること」（という、当人にとっては当然のこととする倒錯）を理由に研究対象を選んでいるような学者が二流なのである。

　社会のいかなる部分的領域においても、自身の身体から発する興味を実現しようとする利己的動機にもとづく営みこそが、社会全体にとっても有益であるという逆説を肚の底から信じられるということが一流であるということなのである。この一つの例として、野球選手のイチローの成績と彼のインタビューを見れば十分にそのことが理解できるであろう[石田、2010]。

　この二流の学者とは、目的と手段の転倒を起こす官僚主義者そのものであることは当然のことであろう。この「学的盲点を突かれた(私の言う)官僚主義的な学者による反発」は、倫理学の学会を例に引いて古賀徹が指摘している。

> 　倫理学の決定的な盲点とは何か。哲学・倫理学を専門とする私にはそれを見ることができないのかもしれない。だが自らの哲学的本能を研ぎすますとき、誰もが知っていて、あまりにも知っているがゆえにもはや口に出すことがタブーとなっている論点があることは知っている。それは、倫理学に従事するものがそれを読み述べ書くことで自己の生活を少しでも変えたのか、という一点に尽きる。学会発表のあと、この質問をフロアーから発すれば失

笑を買うことは間違いない。「なんだよその素人臭い質問は？」と そこにいる全員が思うであろう。だがその反応は、まさに本書が 指摘するとおり、学がその盲点を突かれたときの典型的な反応な のである。
[安冨、2013、p.8、古賀による序文]

ある種の批判

本論文に対して、特に数学的実在論の反駁に対して、二流の学者からの反論がなされることを私は予測している。その反論は官僚主義的自己欺瞞に基づく動機によるのである。つまり、精神分析的観点に基づいた心理的防衛機制による自己欺瞞が自己の実存を挫くことを必死に隠蔽しようとしているのである。

誰しも自身こそは、防衛機制に支配されずに真に批判的であると主張するであろう。

そのとき、誰の言明が真正であるのかを保障するのかは、その人の発する言明の論理的一貫性のみによって判断されるべきであろう。

ただ、ある種の批判はある意味で論理的一貫性を含んでいる。それは、メッセージの内容そのものの論理的整合性ではなく、メッセージに付随するメタメッセージ——メッセージを発するときのその動機が抑圧的であること——に整合性があるということである。

その抑圧的批判のそのメタメッセージ性について私が再批判した場合、批判者はよりいっそう抑圧的になるであろう。

数学者が数学の虚構性を明示的に語ることをあえて避けている理由は、そのことを十分に承知しているからである。つまり、数学の実在性（を信じること）が多くの人の宗教性と不可分である実存の挫きを招くことを十分すぎるほど自覚しているからである。

真に批判的であることは誰にも判断ができないが、抑圧的であることを指摘され更に抑圧的になるという事実を見れば、精神分析の素養がある第三者にとっては、事実として誰がより真正な批判精神を持っていると判断ができるのかは明らかであろう。

　教育の場において、自己欺瞞に陥った未熟な主体の欺瞞性を指摘し、蒙きを啓らむことは、必ずしも幸せな結果を生むとは限らない。しかし、分析的視点における教育は本質的に欺瞞性の解除と陽性転移は不可分であると私は考えている。
　このことは、古くはプラトンの「洞窟の比喩」をそのようにも読むことができる。

　「ではつぎに」と僕は言った。「教育と無教育ということに関連して、われわれ人間の本性を、次のような状態に似ているものと考えてくれたまえ。
　――地下にある洞窟状の住いのなかにいる人間たちを思い描いてもらおう。光明のある方へ向かって、長い奥行きをもった入り口が、洞窟の幅いっぱいに開いている。人間たちはこの住いの中で、子供のときからずっと手足も首も縛られたままでいるので、そこから動くこともできないし、また前のほうばかり見ていることになって、縛めのために、頭をうしろへめぐらすことはできあんおだ[ab]。彼らは上方はるかのところに、火[i]が燃えていて、その光が彼らのうしろから照らしている。
　この火と、この囚人たちのあいだに、一つの道[ef]が上の方についていて、その道に沿って低い壁のようなもの[gh]が、しつらえてあるとしよう。それはちょうど、人形遣いの前に衝立が置かれてあって、そのうえから操り人形を出して見せるのと、同じようなぐあいになっている」

「思い描いています」とグラウコンは言った。

「ではさらに、その壁に沿ってあらゆる種類の道具だとか、石や木やその他いろいろの材料で作った、人間およびそのほかの動物の像などが壁の上に差し上げられながら、人々がそれらを運んでいくものと、そう思い描いてくれたまえ。運んで行く人々のなかには、当然、声を出す者もいるし、黙っている者もいる」

「奇妙な情景の例え、奇妙な囚人たちのお話ですね」と彼。

「われわれ自身によく似た囚人たちのね」とぼくは言った、「つまり、まず第一に、そのような状態に置かれた囚人たちは、自分自身やお互いどうしについて、自分たちの正面にある洞窟の一部[*cd*]に火の光で投影される影のほかに、何か特別のものを見たことがあると君は思うかね？」

「いいえ」と彼は答えた、「もし一生涯、頭を動かすことができないように強制されているとしたら、どうしてそのようなことがありえましょう」

「運ばれているいろいろの品物については、どうだろう？ この場合も同じではないかね？」

「そのとおりです」

「そうすると、もし彼らがお互いどうし話し合うことができるとしたら、彼らは、自分たちの口にする事物の名前が、まさに自分たちの前を通り過ぎて行くものの名前であると信じるだろうとは、思わないかね？」

「そう信じざるをえないでしょう」

「では、この牢獄において、音もまた彼らの正面から反響して聞こえてくるとしたら、どうだろう？ [彼らのうしろを]通りすぎて行く人々のなかの誰かが声を出すたびに、彼ら囚人たちは、その声を出しているものが、目の前を通りすぎて行く影以外の何かだと考えると思うかね？」

「いいえ、けっして」と彼。

「こうして、このような囚人たちは」とぼくは言った、「あらゆる面において、ただもっぱらさまざまの器物の影だけを、真実のものと認めることになるだろう」

「どうしてもそうならざるをえないでしょう」と彼は言った。

「では、考えてくれたまえ」とぼくは言った、「彼らがこうした束縛から解放され、無知を癒されるということが、そもそもどのようなことであるかを。それは彼らの身の上に、自然本来の状態へと向かって、次のようなことが起る場合に見られることなのだ。

――彼らの一人が、あるとき縛めを解かれたとしよう。そして急に立ち上がって首をめぐらすようにと、また歩いて火の光の方を仰ぎ見るようにと、強制されるとしよう。そういったことをするのは、彼にとって、どれもこれも苦痛であろうし、以前には影だけ見ていたものの実物を見ようとしても、目がくらんでよく見定めることができないだろう。

そのとき、ある人が彼に向かって、『お前が以前に見ていたのは、愚にもつかぬものだった。しかしいまは、お前は以前よりも実物に近づいて、もっと実在性のあるもののほうへ向かっているのだから、前よりも正しく、ものを見ているのだ』と説明するとしたら、彼はいったいなんと言うと思うかね？ そしてさらにその人が、通りすぎて行く事物のひとつひとつを彼に指し示して、それがなんであるかをたずね、むりやりにでも答えさせるとしたらどうだろう？ 彼は困惑して、以前に見ていたもの[影]のほうが、いま指し示されているものよりも真実性があると、そう考えるだろうとは思わないかね？」

「ええ、大いに」と彼は答えた。

[プラトン、1979、pp.104-107、ルビ・傍点は原文ママ、ステファヌス版全集においては514A-515D]

ある種の批判　第三部

私はこれを「とうの昔から人は、現在で言う教育の精神分析的本質を直観していた」と読むのである。

　私は光に目がくらもうとも、光を見続けたいのである。

　私が知ることにより私自身が不幸になろうとも、それでも私は知りたいのである。

　また、本論文の主張するところの意図は次の点にもある。

　「プラトンの時代から言われている(ように読める)ことをあなたの論文でなぜ今更もう一度主張する必要があるのか？」という官僚主義的でリアリスティックな疑問そのものがなされないために、私はこの論文を書くのである。

　この疑問は、その問いが向けられた人の人間的成熟を阻害する。その点において、これは極めて邪悪な問いである。

　現在の日本の教育において、このようなリアリスティックな問いが蔓延している。

　これこそが私が本論文を、論文として書かなければならない枢要な動機である。

集団的宗教性と個人的宗教性

私が論じようとしている個人の宗教意識としての宗教性とはなにか。

私が論じているのは、個人の宗教意識である。

デュルケームは『宗教生活の原初形態』において、デュルケームはシステムとしての社会学の始祖とされることから当然理解できることであるが、集団の各構成員がもつ宗教性の寄せ集めた宗教性の集まりではなく、単純な集まりならざる集団的な宗教性を主張した。

私はデュルケームを引き個人の宗教性の存在を前提に議論しているが、この点については論理的飛躍がある。しかし、この飛躍の架橋は可能であると考える。

その架橋は以下のように可能であると考えている。

デュルケームはプリミティブな宗教（トーテムなど）を考察し、システムとしての宗教性を論じた。

フロイトは「トーテムとタブー」において、プリミティブな宗教性である聖俗という区分けの前段階としてタブーを考察した。

ヘッケルの「個体発生は系統発生を繰り返す」という説を仮定すれば、精神分析の成り立ちから必然に（岸田秀、『ものぐさ精神分析』）、集団的な自我構造（無意識）と個人的なそれは同型であると論じることができる。

つまりフロイトによる精神分析は、そもそもその成り立ちが個人の精神構造そのものを考察したのではなく、集団的無意識を考察し、その集団的自我構造を個人に当てはめて作り上げられた。

それはつまり、集団的無意識であるシステムとしての宗教性の

考察を適切に射影すれば、個人の宗教性の考察に適用できるであろう。

　主に時間的な制約から、この論理的架橋に必要な本来的文献に辿り着けていないことは事実である。これは今後の研究課題の一つである

　それは現実をしかと見つめれば、人はそれぞれ何らかの事象に対してタブーを感じるように、個々人は当然宗教性を持っていることは当然であると認めてよいであろう。
　この世に生まれてくるヒトはすべて、個人が各々の宗教性を持つかどうかについては、（ある種のもしくはある程度の）社会化が必要であろう。

補遺

円分多項式に関する数学的事実

　第三部「円分多項式」に関連する数学的事実を列挙する。ここで挙げる定義や定理の記述の仕方は山本芳彦(1996)『数論入門1』に準拠した。定理の証明は省き、そのステートメントのみを列挙する。詳細は他書に譲る。

定義1（オイラー関数）

　自然数nに対して、「1以上n以下のkであって、nとkが互いに素である（つまりnとkの最大公約数が1である）ようなkの個数」を、オイラー関数$\varphi(n)$と定義する：
$$\varphi(n) := \#\{ k \mid 1 \leqq k \leqq n,\ (k, n) = 1 \}$$
■

オイラー関数の性質は次の定理2が挙げられる。

定理2（[山本、1996、p.51、命題3.14]）

(1) $(m, n) = 1$のとき、$\varphi(m)\varphi(n) = \varphi(mn)$

(2) 素数pについて、$\varphi(p^l) = p^{l-1}(p-1)$

(3) nの素因数分解を、$n = p_1^{e_1} p_1^{e_1} \cdots p_1^{e_1}\ (e_1, e_2, ..., e_r \geqq 1)$とするとき、
$$\varphi(n) = n\left(1 - \frac{1}{p_1}\right)\left(1 - \frac{1}{p_2}\right) \cdots \left(1 - \frac{1}{p_r}\right).$$
■

定義3（n乗根、原始n乗根）

　$x^n - 1 = 0$ の解を1のn乗根という。

　ζが1のn乗根で、かつ、n乗してはじめて1となるとき、つまり
$$\zeta^k \neq 1\ (k = 1, 2, 3, ..., n-1)$$

が成り立つとき、ζ を1の原始 n 乗根という。

定理4（[山本、1996、p.63、命題3.43]）

ζ を1の原始 n 乗根とする。

(1) 任意の1の n 乗根を $\zeta^k (0 \geqq k \geqq n-1)$ と表すとき、

ζ^k は1の原始 n 乗根 $\Leftrightarrow (k,n) = 1$

(2) 特に、1の原始 n 乗根は $\varphi(n)$ 個ある。

本文中では、$n \geqq 2$ での"円分多項式"を

$$f_n(x) = x^{n-1} + x^{n-2} + \cdots + x + 1 = \sum_{k=0}^{n-1} x^k$$

とした。これは通例の定義ではないが、ある意味では部分的に正しい。

それはつまり、上の"円分多項式" $f_n(x)$ は、n が素数のときのみは以下で定義する（通例の）円分多項式 $\Phi_n(x)$ と一致し、いかなる自然数 n についても $\Phi_n(x)$ は $f_n(x)$ を割り切るという意味においてである。

オイラー関数、n 乗根、原始 n 乗根が $n=1$ でも定義されていることから、円分多項式は $n=1$ でも定義されていることに注意する。

また、次の**主張5**、**主張6**は同値な定義である。

主張5（円分多項式）

すべての1の原始 n 乗根全体を根にもつ多項式

$$\Phi_n(x) = \prod_{(k,n)=1, 1 \leqq k < n} (x - \zeta^k)$$

を円分多項式という。

主張6（円分多項式）

以下の性質をもつ多項式 $\Phi_n(x)$ を円分多項式と呼ぶ。

すべての自然数 n に対して、
$$x^n - 1 = \prod_{d|n, d \geq 1} \Phi_d(x).$$

■

主張5と**主張6**は同等である、つまり、**主張5**を定義とすれば**主張6**はそれに従う性質になり、逆に**主張6**を定義とすれば**主張5**は性質になる。

主張5のコロラリーとして、$\Phi_n(x)$ は x の $\varphi(n)$ 次多項式であることがわかり、**主張6**のコロラリーから素数 p に対して、$\Phi_p(x) = x^{p-1} + x^{p-2} + \cdots + x + 1$ が成立することがわかる。

山本は**主張6**を**主張5**から導かれる命題[山本、1996、p.74、命題3.60]として扱っている。

主張6から**主張5**が導かれることは、本文中に示した思考そのものがその説明になっているであろう。

（ただしその他に、**主張6**において $x^n - 1 = \prod_{d|n, d \geq 1} \Phi_d(x)$ に $n = 1$ を代入して、$\Phi_1(x) = x - 1$ を得ることは必要であろう。）

また、複素数体上円分多項式は整数係数であって、さらに有理数体上で既約であることが知られている[山本、1996、p.75、命題3.62]。

結果として、剰余類環 $\mathbb{Z}/n\mathbb{Z}$ と既約剰余類群 $(\mathbb{Z}/n\mathbb{Z})^\times$ には深い関係がある。

それはつまり、p が素数のとき $\mathbb{Z}/(p-1)\mathbb{Z}$ と $(\mathbb{Z}/p\mathbb{Z})^\times$ の位数は等しく、さらに加法群 $(\mathbb{Z}/(p-1)\mathbb{Z}, +)$ と乗法群 $((\mathbb{Z}/p\mathbb{Z})^\times, \cdot)$（こ

こでの積は$\mathbb{Z}/p\mathbb{Z}$での積) は群として同型である。

しかし、これらは、$(\mathbb{Z}/(p-1)\mathbb{Z},\,\cdot\,)$と同型ではない。(そもそも$(\mathbb{Z}/(p-1)\mathbb{Z},\,\cdot\,)$は p が素数のもとでは群をなさない。)

参考文献一覧

凡例
(1) 以下の一覧では、本文に引用した文献の他に本論文を書く上で参考になった本も挙げている。
(2) 一部の引用文について、原文では読点のカンマ(,)および句点のドット(.)を用いていたものを、それぞれ、読点(、)および句点(。) に置き換えた。([マジッド編、2013] など)
(3) <>はシリーズ名である。

参考文献
青木昇(2012)『素数と2次体の整数論』共立出版、<数学のかんどころ>
足立恒雄(2013)『数の発明』岩波書店、<岩波科学ライブラリー219>
アリストテレス(1968)『アリストテレス全集 第三巻』出隆ほか訳、岩波書店
 = Aristotle, *Aristotele's Physics, a revised text with introduction and commentary by W. D. Ross. Oxford*, 2nd ed. 1955
石田雄太(2010)『イチロー・インタビューズ』文藝春秋、<文春新書>
イリイチ, I. (1977)『脱学校の社会』東洋・小沢周三訳、東京創元社
 = Illich, Ivan (1970), *Deschooling society*, marionboyars, London
イリイチ, I. (1979)『脱学校化の可能性』松﨑巖訳、東京創元社、<現代社会科学叢書>
 = Illich, Ivan (1973), *After Deschooling, What*, Harper and Row
岩波書店『広辞苑 第六版』
内田樹(2002)『期間限定の思想:「おじさん」的思考2』晶文社
 = 内田樹(2011)『期間限定の思想:「おじさん」的思考2』角川書店、<角川文庫>
内田樹(2005)『先生はえらい』筑摩書房、<ちくまプリマー新書>
内田樹(2007)『下流志向』講談社
 = 内田樹(2009)『下流志向』講談社、<講談社文庫>
内田樹(2013)「特定秘密保護法案について(その3)(内田樹の研究室)」内田樹公式ホームページ、http://blog.tatsuru.com/2013/11/22_1548.php、2015年6月26日閲覧
江田勝哉(2010)『数理論理学:使い方と考え方 超準解析の入口まで』内田老鶴圃
エリアーデ, M. (1969)『聖と俗:宗教的なるものの本質について』風間敏夫 訳、法政大学出版局
 = Eliade, Mircea (1957), *Das Heilige und das Profane : Vom Wesen des Religiösen*, Rowohlt, Namburg,
小嶋嶋隆(2015)『超・反知性主義入門』日経BP
苅谷剛彦(1996)『知的複眼思考法』講談社
 = 苅谷剛彦(2002)『知的複眼思考法』講談社、<講談社+α文庫>

清田友則(2008)『高校生のための精神分析入門』筑摩書房、<ちくま新書>
小池正夫(2011)『実験・発見・数学体験』数学書房、<数学書房選書>
古賀徹(2014)『理性の暴力：日本社会の病理』青灯社
斎藤健(2001)「全体論における数学観：数学的対象の存在とその正当化」哲学、37:21-38、http://hdl.handle.net/2115/48016、2015年3月6日閲覧
斎藤環(2006)『生き延びるためのラカン』バジリコ
 = 斎藤環(2012)『生き延びるためのラカン』筑摩書房、<ちくま文庫>
佐藤勝彦(2007)「相対性理論における時間と宇宙の誕生」東京大学総合研究博物館(The University Museum, The University of Tokyo)、http://www.um.u-tokyo.ac.jp/publish_db/2006jiku_design/satou.html、2015年3月16日閲覧
シャピロ, S. (2012)『数学を哲学する』金子洋之 訳、筑摩書房
 = Shapiro, Stewart (2000), Thinking about mathematics : the philosophy of mathematics, Oxford
砂田一利・長岡亮介・野家啓一(2011)『数学者の哲学　哲学者の数学』東京図書
高木貞治(1971)『初等整数論講義　第二版』共立出版
竹内一郎(2005)『人は見た目が9割』新潮社、<新潮新書>
竹内敏晴(1988)『ことばが劈かれるとき』筑摩書房、<ちくま文庫>
竹内敏晴(1999)『教師のためのからだとことば考』筑摩書房、<ちくま学芸文庫>
デュドネ, J. (1989)『人間精神の名誉のために』高橋礼司訳、岩波書店
 = Dieudonne, Jean (1987), Pour l'honneur de l'esprit human; les mathematiques aujourd'hui, Hachette, Paris,
デュルケーム, E. (1975)『宗教生活の原初形態』古野清人訳、岩波書店、<岩波文庫>
 = Durkheim, Emile (1912), Les formes élémentaires de la vie religieuse : le système totémique en Australie,
戸田山和久(2005)『科学哲学の冒険』NHK出版、<NHKブックス>
戸田山和久(2015)『科学的実在論を擁護する』名古屋大学出版会
苫米地英人(2000)『洗脳原論』春秋社
苫米地英人(2008a)『洗脳支配』ビジネス社
苫米地英人(2008b)『洗脳：スピリチュアルの妄言と精神防衛のテクニック』三才ブックス
苫米地英人(2010)『脱洗脳教育論』牧野出版
苫米地英人(2012)『宗教の秘密：世界を意のままに操るカラクリの正体』PHPエディターズグループ
ドーキンス, R. (2005)『神は妄想である：宗教との決別』垂水雄二訳、早川書房
 = Dawkins, Richard (2006), The God delusion
永井均(1996)『<子ども>のための哲学』講談社、<講談社現代新書>
永井均(1998)『これがニーチェだ』講談社、<講談社現代新書>
中島義道(1997)『哲学者のいない国』洋泉社
中島義道(2001)『哲学の教科書』講談社、<講談社学術文庫>
野内玲(2012)「科学的知識と実在：科学的実在論論争を通して」名古屋大学大学院文学研究科博士学位論文、2012年6月
野家啓一(2005)『物語の哲学』岩波書店、<岩波現代文庫>
バイヤール, P. (2008)『読んでいない本について堂々と語る方法』

= *Bayard, Pierre (2007), Comment parler des livres que l'on n'a lus ?, Edition de Minuit*
量善治(2008)『宗教哲学入門』講談社、<講談社学術文庫>
林達夫(1976)『歴史の暮方』中央公論社、<中公文庫>
バルト, R. (1967)『神話作用』現代思想潮新社
ヒル, P. (2007)『ラカン』筑摩書房、<ちくま学芸文庫>
  = *Hill,P. (1997), "Lacan: For Beginners", Writing and Reading*
ファン フラーセン, B.C. (1986)『科学的世界像』丹治信春訳、紀伊國屋書店
  = *Van Fraassen, Bastiaan C. (1986), The scientific image*
フーコー, M. (1977)『監獄の誕生：監視と処罰』新潮社
  = *Foucault, Michel , Surveiller et punir : naissance de la prison*
プラトン(1979)『国家 上・下』岩波書店、<岩波文庫>
  = *Burnet, j. , Platonis Opera vol. Ⅳ, Oxford Classical Texts*
フロイト, S.「トーテムとタブー」、岩波書店『フロイト全集 12』所収
ペンローズ, R. (1994)『皇帝の新しい心：コンピュータ・心・物理法則』林一 訳、みすず書房
  = *Penrose, Roger (1989), The emperor's new mind : concerning computers, minds, and the laws of physics, Oxford University Press*
ホーキング, S. (1995)『ホーキング、宇宙を語る』林一訳、早川書房、<ハヤカワ文庫NF>
  = *Hawking, Stephen W. (1988), A brief history of time*
ホーキング, S. (2014)『ホーキング、自らを語る』池央耿訳、佐藤勝彦監修、あすなろ書房
  = *Hawking, Stephen W. (2013), My brief history*
マクグラス, A.E., マクグラス, J.C. (2012)『神は妄想か？：無神論原理主義とドーキンスによる神の否定』杉岡良彦訳、教文館
  = *McGrath, Alister E., McGrath, Joanna Collicutt (2007), The Dawkins delusion? : atheist fundamentalism and the denial of the divine, Society for Promoting Christian Knowledge, Great Britain*
マクグラス, A.E. (2003)『科学と宗教』稲垣久和、倉沢正則、小林高徳 訳、教文館
  = *McGrath, Alister E. (1999), Science & religion : an introduction, Blackwell Publishers*
マジッド, S.編(2013)『時間とは何か、空間とは何か：数学者・物理学者・哲学者が語る』伊藤雄二 監訳、岩波書店 (著者はA.コンス, S.マジッド, R.ペンローズ, J.ポーキングホーン, A.テイラー)
  = *Majid, Shahn (ed) (2008), On space and time, Cambridge University Press*
松本卓也(2015)「反知性主義の密かな愉しみ：現代ラカン派の集団心理学Ⅱ」青土社『現代思想』2015年2月号、第43巻第3号
宮台真司・藤井誠二(1998)『学校的日常を生き抜け』教育史料出版会
宮台真司・藤井誠二(1999)『美しき少年の理由なき自殺』メディアファクトリー
  =宮台真司・藤井誠二(2003)『この世からきれいに消えたい：美しき少年の理由なき自殺』朝日新聞社、<朝日文庫>
宮台真司・速水由紀子(2000)『サイファ覚醒せよ』筑摩書房
  =宮台真司・速水由紀子(2006)『サイファ覚醒せよ』筑摩書房、<ちくま文庫>

宮台真司(2004)『絶望 断念 福音 映画：「社会」から「世界」への架け橋』メディアファクトリー
村上陽一郎(1976)『近代科学と聖俗革命』新曜社
村上陽一郎(1994)『科学者とはなにか』新潮社、＜新潮選書＞
メイザー, J. (2009)『ゼノンのパラドックス』松浦俊輔訳、白楊社
　＝ *Mazur, Joseph, The Motion Paradox, Dutton (Penguin Group), USA, 2007*
森岡正博(1996)『宗教なき時代を生きるために』法蔵社
安冨歩(2013)『合理的な神秘主義：生きるための思想史』青灯社
養老孟司(2002)『「都市主義」の限界』中央公論社、＜中公叢書＞
山本哲士(1996)『学校の幻想　教育の幻想』筑摩書房、＜ちくま学芸文庫＞
山本芳彦(1996)『数論入門1』岩波書店、＜岩波講座　現代数学への入門＞
ラウダン, L. (2009)『科学と価値：相対主義と実在論を論駁する』小草泰・戸田山和久訳、勁草書房
　＝ *Laudan, Larry (1984), Science and value: The aim of science and their role in scientific debate, University of California Press*
ルックマン, T. (1976)『見えない宗教：現代宗教社会学入門』赤池憲昭、ヤン・スィンゲドー訳、ヨルダン社
　＝ *Luckmann, Thomas (1967), The Invisible Religion. The Problem of Religion in Modern Society, Macmillan*
ルックマン, T. (2003)『現実の社会的構成：知識社会学論考』山口節郎訳、新曜社
　＝ *Luckmann, Thomas (1966), The Social Construction of Reality. A Treatise in the Sociology of Knowledge , Doubleday*

本書は、2016年1月に早稲田大学大学院教育学研究科に提出し、
受理された修士学位請求論文「数学・教育・宗教における宗教性」
を書籍化したものである。

小出　隆博（こいで　たかひろ）

1986年　　　東京都に生まれる
2006年4月　早稲田大学理工学部数理科学科　入学
2014年3月　　　　　　同　　　　　　　　　卒業
2014年4月　早稲田大学大学院教育学研究科数学教育専攻　入学
2016年3月　　　　　　同　　　　　　　　　　　　　　修了
学士（理学）、修士（教育学）

数学・教育・宗教

2017年1月10日　初版第1刷発行

著　者　小出 隆博
発行所　ブイツーソリューション
　　　　〒466-0848 名古屋市昭和区長戸町4-40
　　　　電話 052-799-7391　Fax 052-799-7984
発売元　星雲社
　　　　〒112-0005 東京都文京区水道1-3-30
　　　　電話 03-3868-3275　Fax 03-3868-6588
印刷所　藤原印刷
　　　　ISBN 978-4-434-22611-3
©Takahiro Koide 2017 Printed in Japan
万一、落丁乱丁のある場合は送料当社負担でお取替えいたします。
ブイツーソリューション宛にお送りください。